21世纪全国本科院校土木建筑类创新型应用人才培养规划教材

建 筑 模 型 制 作

主　编　雷云尧
副主编　张城芳　李　宏

U0206639

北京大学出版社
PEKING UNIVERSITY PRESS

内 容 简 介

本书系统阐述了建筑模型制作的基本方法，并详细介绍了制作模型的主要工具和常用材料的加工处理方法。本书的实例介绍具有典范性，为模型制作者提供了很好的参考。全书共分6章，主要内容包括建筑模型概述、建筑模型制作的材料与工具、建筑模型设计、建筑模型主体制作、建筑模型环境制作、建筑模型范例。本书内容翔实，图片精美。

本书既可作为普通高等院校建筑学、城乡规划、环境设计、园林设计等相关专业的教材，也可作为从事模型制作的相关人员和爱好者的自学参考书。

图书在版编目(CIP)数据

建筑模型制作/雷云尧主编. —北京：北京大学出版社，2014.11
(21世纪全国本科院校土木建筑类创新型应用人才培养规划教材)
ISBN 978-7-301-25057-0

Ⅰ.①建…　Ⅱ.①雷…　Ⅲ.①模型（建筑）—制作—高等学校—教材　Ⅳ.①TU205

中国版本图书馆 CIP 数据核字(2014)第249672号

书　　　　名：建筑模型制作
著作责任者：雷云尧　主编
策 划 编 辑：曹江平
责 任 编 辑：李瑞芳
标 准 书 号：ISBN 978-7-301-25057-0/J·0629
出 版 发 行：北京大学出版社
地　　　　址：北京市海淀区成府路 205 号　100871
网　　　　址：http://www.pup.cn　　　新浪官方微博：@北京大学出版社
电 子 信 箱：pup_6@163.com
电　　　　话：邮购部 62752015　发行部 62750672　编辑部 62750667　出版部 62754962
印　刷　者：北京宏伟双华印刷有限公司
经　销　者：新华书店
　　　　　　787mm×1092mm　16 开本　　9.75 印张　　225 千字
　　　　　　2014 年11月第 1 版　　2020 年 8 月第 2 次印刷
定　　　　价：43.00元

前　言

　　模型是建筑设计和表现的一种重要形式。当建筑还只停留在满足原始意义的"衣食住行"的水平时，建筑就是遮风避雨的房子。社会发展至今，建筑已经不是简单的房子，它包含了美学、文化学、色彩学、心理学、材料学、工程学等诸多要素。建筑设计和建造同等重要，超越"房子"成为"建筑"，设计必不可少。有设计就得有准绳、有表现，建筑模型正是建筑的一种直观表现，尤其是当传统的二维图纸不足以全面反映建筑的空间关系时，建筑模型的表现意义就显得越来越重要。

　　建筑模型主要分为研究和展示两种类型。研究用途的建筑模型是建筑设计中不可或缺的一部分，它以三维的形式直观地展示其空间组成，帮助设计者推敲建筑方案；展示用途的建筑模型是建筑设计的一种高端表现形式，它按照一定的比例客观地展示其建筑形态，帮助参观者了解甚至欣赏建筑方案。从这个角度讲，模型的制作包括两个层面：一个层面是根据图纸或实物制作模型；另一层面则是用模型推动设计。

　　编者根据几年来的建筑模型制作的教学和实践编写了本书。本书以介绍手工模型制作为主，并简要介绍了雕刻机的操作方法；对于制作模型的常用工具与材料及其操作方法进行了详细的介绍，对近年来出现的新材料、新工艺也进行了介绍；在模型制作的程序上，按照模型设计、模型主体制作、模型环境制作分别进行了阐述；在实践案例上，选用了编者近几年制作或辅导制作的优秀模型以图片的形式展示。

　　本书由雷云尧担任主编，张城芳、李宏担任副主编。各章编写分工为：第1章由雷云尧编写，第2章由张城芳编写，第3章由李宏编写，第4章由雷云尧、李宏编写，第5章由雷云尧编写，第6章由张城芳、李宏编写。王银、熊锋、李梦婷、黄强、朱乾羽等参与了书中案例模型的制作。全书统稿修改工作由雷云尧完成。

　　编者水平有限，书中难免有疏漏和不妥之处，欢迎广大读者批评指正。

编　者

2014年6月

目 录

目　录

第 ｜ 章　建筑模型概述

本章提要

　　简要阐述国内外建筑模型的起源和发展。从不同分类角度概括建筑模型的类型和用途，并重点分析设计研究模型、展示陈列模型、工程构造模型；介绍建筑模型的学习方法。

1.1　建筑模型

《说文》记载："水曰法，木曰模，土曰型，金曰镕，竹曰笵。"

人与人之间的思维表达主要靠语言和表情，而建筑师要表达思想则靠图纸和模型。建筑模型作为建筑设计语言之一，是建筑师在建筑营造之前，利用直观的模型权衡尺度、推敲空间、表达构思灵感和造型活动的重要手段。

建筑模型介于平面图纸与实际立体空间之间，它将两者有机联系在一起，是一种三维的立体模式。由于具有与实物完全缩比的关系，建筑模型可充分展露建筑优美的艺术形象、精准的结构构造处理和独特的艺术风格(图1.1)。同时，建筑模型自身的形式美感表现、材料的巧妙运用以及制作的工艺使之成为精美的造型艺术品。

图1.1　武汉某小区规划模型

1.1.1　中国古代建筑模型发展简况

建筑的最初功能在于满足人类遮风避雨的基本需要，是人类抵抗自然力的第一道屏障。后来在生产实践中不断改进革新，并逐渐运用模型来表达建筑的形体和空间组织。

我国最早的建筑模型可以追溯到汉朝的"陶楼"(一种明器)，这种"陶楼"作为供奉神灵的祭品随葬于墓室之中。一般采用土坯烧制而成，外观与木构楼阁十分相似，雕梁画栋，造型精美(图1.2和图1.3)。虽然这种"陶楼"在最初仅作祭祀随葬之用，与同期的案、炉、镜、鼎并无不同之处。但是，随着时间的推移，它逐渐成为工匠们表达设计思想的一种有效方法。

唐代以后，虽仍有明器存在，但是建筑设计和施工形成了规范，朝廷设立工部主导建筑营造，掌握设计和施工的专业技术人员称为"都料"。凡是大型建筑工程，除了要绘制地盘图、界画以外，还要求根据图纸制作模型，著名的赵州安济桥就是其中的典型案例。这种营造体制一直延续至今(图1.4和图1.5)。

图1.2　湖北襄阳出土的东汉陶楼

图1.3　四川宜宾出土的汉代陶楼

图1.4　唐代建筑明器

图1.5　明代彩绘三进陶宅院

　　清康熙年间至清末，擅长建筑设计与施工的雷氏家族，几代人历任宫廷样式房"长班"，历时二百多年，家藏流传下来的建筑模型很多，历史上称为"样式雷"烫样。烫样即建筑模型，它由木条、秫秸、纸板等最简单的材料加工而成，包括亭台楼阁、庭院山石、树木花坛、水池船坞以及室内陈设等几乎所有的建筑构件。这些不同的建筑细节按比例安排，根据设想而布局。烫样既可以自由拆卸，又能够灵活组装，它使建筑布局和空间形象一目了然。烫样一方面指导具体的前期施工准备，另一方面供皇帝审查，待批准之后，具体的施工才能够进行。圆明园、万春园、颐和园、故宫、景山、天坛、东陵等处都有"样式雷"烫样的杰作(图1.6)。

　　从形式上来区分，"样式雷"烫样有两种类型：一种是单体建筑烫样；另一种是建筑组群烫样。

　　单体建筑烫样主要表现拟盖的单座建筑情况，全面反映该建筑的形式、色彩、材料及各项尺寸数据。如"地安门"烫样，从烫样外观上可以看出地安门是一座单檐歇山顶的建筑。面阔七间，进深两间，明、次间脊缝安实榻大门三槽，门上安门钉九路。砖石台基，砖下肩。直棂窗装修，旋子彩画，三材斗科(斗口单昂)，黄琉璃瓦顶。

图1.6　清代"样式雷"烫样

　　建筑组群烫样一般以一个院落或景区为单位，除表现单座建筑之外，还表现建筑组群的布局和周围的环境布置。如北海"画舫斋"烫样，画舫斋一区，是一个以满院开凿水池、四面建筑临水的水上四合院为主体，包括后花园和跨院的建筑组群。四合院的正殿是一座单檐歇山卷棚顶、五开间的建筑，坐北朝南，前后各出抱厦三间，东西两侧各有一座三开间、硬山卷棚顶、前后出廊的厢房。正南是一座五开间的歇山卷棚殿，前后出抱厦。此殿既是院内的一座重要建筑，又是内外出入的通道，穿殿可入院内。两厢与前后殿，四座建筑之间有抄手游廊联通。池水引自北海，从西厢下注入池中，经东厢下流入院外河道。正殿后是一个小园，园内种植花木，环境幽静闲适。正殿东北是一所跨院，跨院有建筑数座，也有游廊贯通。院西有月亮门通后花园，后园四周有围墙，逶迤婉转，高低错落，西墙辟小门可通园外。

　　烫样按需要一般分为五分样、寸样、二寸样、四寸样、五寸样等。五分样是指烫样的实际尺寸，每五分(营造尺)相当于建筑物的一丈，即烫样与实物之间的比例为1:200。依次类推，寸样相当于1:100，五寸样则相当于1:20。

　　烫样、图纸、营造说明三者齐全才能完成古建筑设计。烫样侧重于建筑的外观、质感、空间、院落和小范围的组群布局，且包括彩画、装修和室内陈设，因此成为当时建筑设计中的关键步骤。因为烫样的制作是根据建筑物的设计情况按比例制成的，并标注了明确的尺寸，所以它既可以作为研究古建筑的重要依据，又可以弥补书籍和实物资料的不足。

　　中国古建筑一向以其独特的内容与形式自成一体，闻名于世。制作精巧、颇具匠心的烫样，同样是中国古建筑艺术成就的体现，并且显示了劳动人民的智慧与技艺。烫样本身也可作为艺术品来欣赏，具有一定的艺术价值。

　　烫样的历史意义不仅在于它是二三百年前遗存的历史文物，而且还在于它是当时营造情况的最可靠的记录。通过研究烫样，不仅可以了解当时的建筑发展水平、工程技术状况，而且还可以侧面了解当时的科学技术、工艺制作和文化艺术的历史面貌。

1.1.2　国外建筑模型发展简况

外国最早用于建筑设计与施工的模型起源于古埃及。据记载，在金字塔的建造过程中，工匠们将木材切割成型，并且对木质模型作了多次调整和修改，通过反复演示来推断金字塔的内部承重能力，是工匠们一丝不苟的态度造就了金字塔的辉煌。古罗马以后，随着建筑工程的不断发展，模型成为建筑设计不可或缺的组成部分，工匠们通常采用石膏、石灰、陶土、木材、竹材来组建模型，并能随意拆装，模型的产生对建筑结构和承载力学的研究有着巨大的推动作用。

文艺复兴以后，建筑设计提倡以人为本，建筑模型要求与真实建筑完全一致，在模型制作中注入了比例。菲利波·布鲁乃列斯基在佛罗伦萨主教堂穹顶设计中经过反复拼装、搭配模型后才求得正确的力学数据。法国古典主义时期建筑设计风格除了要求比例精确以外，还在其中注入"黄金比例"等几何定理，使模型的审美得到进一步提升。18世纪以后，资产阶级权贵又将建筑模型赋予新的定义，即"收藏价值"。在建筑完工后，模型或被收藏在建筑室内醒目的位置，或被公开拍卖，这就进一步提高了对建筑模型质量的要求，模型不再仅仅是指导设计与施工的媒介，而是一件艺术品，要求其外观华丽，唯美逼真，因此，社会上便出现了专职制作模型的工匠与设计师。模型开始成为商品进入市场，并迅速被社会所认可。

20世纪初，第二次工业革命完成以后，建筑模型也随着建筑本身向多样化方向发展，开始运用金属、塑料、玻璃、纺织品等材料进行加工、制作，并安装声、光、电等媒体产品，使模型的自身价值与定义大幅度提升，建筑模型设计与制作成为一项独立产业迅速发展。20世纪70年代以后，德国和日本率先用电子芯片来表现建筑模型的多媒体效果，同时，精确的数控机床与激光数码切割机也为建筑模型的制作带来了新的契机。21世纪以来，随着经济的高速发展，在建筑模型制作中开始增添遥控技术，通过无线电来控制声、光、电的综合效果。

1.2　建筑模型的类型与用途

建筑模型发展至今已有三千多年，经历数次演变，种类繁多，不同类型的模型其制作工艺、表现部位、使用目的也不相同。模型的不同导致其制作工艺、使用材料、制作规格、预算投入、收效回报等方面也不尽相同。

建筑模型的主要分类如下。

(1) 根据制作材料可分为：纸质模型、木质模型、竹质模型、石膏模型、陶土模型、塑料模型、金属模型、复合材料模型等。

(2) 根据制作技术可分为：手工模型、机械加工模型、计算机数码模型、光电遥控模型等。

(3) 根据用途可分为：设计研究模型、展示陈列模型、工程构造模型等。

(4) 根据表现内容可分为：家具模型、住宅模型、商店模型、展示厅模型、建筑模型、园林景观模型、城市规划模型、地形地貌模型等。

(5) 根据表现部位可分为：内视模型、外立面模型、结构模型、背景模型、局部模型等。

以下从模型用途的角度为例介绍设计研究模型、展示陈列模型、工程构造模型。

1. 设计研究模型

设计研究模型主要用于方案设计前期和专业课程教学，它是设计构思的一种表现手段，模型甚至更胜于手绘草图，更能够发挥设计师的主观能动性去强化、完善。这类建筑模型不要求特别精致，只要能在设计师之间、师生之间产生共鸣即可，在选用材料上比较自由，泡沫板、纸板、瓦楞纸、包装纸等材料都可使用。制作出来的成品模型，可以根据创意需要随意变更，具有保留价值的可以长期留存。然而，设计模型虽然用材自由，也可随意变更，但并不意味模型可以草率制作。设计研究模型的本质在于指导设计、拓展思维，模型制作过程不能流于形式，草率收场，在设计中一定要通过模型来激发设计者的创意，使之达到极限，最终才能获得完美的设计作品。

设计研究模型又分为概念模型和修整模型两种。

概念模型是设计师以艺术的形式塑造出的事物，它一般不会成为模型成品，但是可以成为设计师扩展思维的一个航标。一个亭子、一棵树、一盏灯或是其他任何现存的物件在被设想时，每个人心中都有大概轮廓。在想象某个物件或用语言表达时，我们能想象出那种原型，或一个简化的最初印象。这并不意味着所有人都想象得一模一样，物件形态各异是由于创造力不同而不同，甚至是形态怪异的、不寻常的、令人不安的，但是很多形态都能与人产生共鸣，因为他们是能识别的、可理解的。概念模型正是为了表达这种共鸣，让所有参与设计的人来做评析，从而提高设计水平(图1.7)。

当概念模型达到一定程度后，就需要融合更多人的意见，适当做出调整修改。通过增加、减少、变换形体结构等方法而不是修整细枝末叶，模型能进一步激发设计师的创意，使原有的概念得到升华。

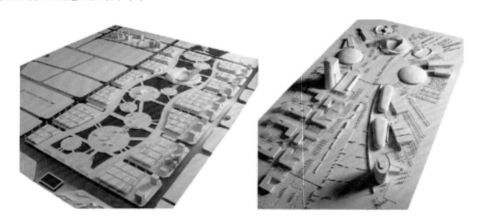

图1.7　概念模型

2. 展示陈列模型

展示陈列模型是表现成熟设计作品的模型，主要用于商业设计项目展示，因而又称为终极模型。展示陈列模型不仅要表现建筑的实体形态，还要统筹周边的环境氛围，所有细节都要考虑周全，运用一切能表达设计效果的材料来制作，以便得到最佳的装饰效果。它通过逼真的形态、华丽的外表、精致的细节来打动观众，是目前房地产、建筑设计、环境艺术设计行业的新宠，也是建筑模型制作公司的主要经营产品(图1.8)。

图1.8 北京故宫展示模型

展示陈列模型在制作之前要经过系统的设计，包括平面图、屋顶平面图、各立面图和局部大样图，用于制作模型的图纸要求标注尺寸和制作材料的名称。这类模型一般由多人同时协助完成，因此图纸必须完整，能被全部制作人员认同。模型的制作深度要根据具体比例来确定，一般而言，1:100的模型要表现到门窗框架；1:50的模型要表现地面铺装材料的凹凸形态；1:30的模型要表现到配饰人物的五官和树木的枝叶。

展示陈列模型制作成本高、周期长、人力投入大，不是个人所能独立完成的。一般由建筑模型制作公司完成。

3．工程构造模型

工程构造模型又称为结构模型或实验模型，它是针对建筑设计与施工中所出现的细致构造而量身打造的模型。通过表现工程构造，设计师可以向施工人员、监理和甲方陈述设计思想，从而指导建筑施工顺利进行。

工程构造模型的表现重点在于真实的建筑结构，并且能剖析这些内部构造，使其向外展示。工程构造模型按形式可以分为动态和静态两种。动态模型要表现出设计对象的运动，如船闸模型、地铁模型等。静态模型只是表现出各部件间的空间相互关系，使图纸上难以表达的内容趋于直观，如厂矿模型、化工管道模型、码头与道桥模型等。

此外，还有一些能够反映工程施工的特殊模型，如等样模型、光能表现模型、压力测试模型等。

等样模型是将模型尺寸制作成与建筑实体一样大，其中包括1:1的建筑构件、足尺的空间和建筑局部(图1.9)。这种模型在遇到专题项目研究的时候能发挥很好的效果。

光能表现模型是建筑模型表现的一种特殊形式，用它来预测建筑的夜间照明效果，在制作中采取自然照明与人工照明的效果。为了更准确地帮助展示环境气氛，光能表现

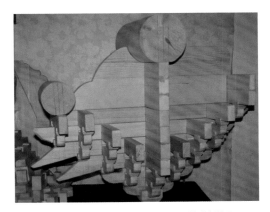

图1.9 中国古建筑构件斗拱等样模型

模型要有精致的细部表现、色彩及表面效果的计划。

压力测试模型是用来测试模型的抗压力，针对不同的模型来选用材料组件，材料的拼接与搭配要记录下来，为后期批量制作提供参照。

1.3 建筑模型的学习方法

建筑模型制作是建筑设计过程中的重要辅助手段，通过制作模型，可以让我们更真实地了解建筑形体构造、更有效地强化创意设计思维、更直接地提高动手操作能力。

建筑模型制作是集建筑学、景观学、设计艺术学、材料学、力学、美学于一体的综合学科，在学习中，要不断地拓展创造力，将构想通过材料与制作转换成现实。在制作过程中，要注意以下几方面的学习方法。

1. 培养形体概括能力

模型是对实物对象的微缩，应该完全表现实体建筑的尺寸、材料、细部结构等要素，然而限于制作者在时间、精力、能力、制作条件、资金投入等方面，无法按1:1对照表现建筑原貌，因此，在制作上就必须进行取舍，这种合理取舍即是对原有建筑形体的概括。例如，在现实建筑装饰中镶贴的瓷砖，在模型中无法获取大量按比例缩小的小块贴片，于是只能通过概括的手法来处理，采用印刷有瓷砖纹理的不干胶贴纸粘贴在模型表面，从而起到装饰效果。这种处理手法大量用于建筑模型的外墙、地面、顶棚以及门窗形体上，高度的概括能力可以让模型制作达到事半功倍的效果。

2. 精确计算比例

模型的真实性来源于正确的比例，这是建筑模型反映实体建筑的重要依据之一，同时也是模型区别于工艺品、玩具的主要特征。要对建筑模型制作精确计算，前提是绘制详图的设计图，将模型尺寸与建筑尺寸同步标注在图纸上，在制作时就会一目了然，通过两组数字之间不断比较，加深制作人员对模型尺度的印象，即使少数细部尺寸没有标注，也能通过比较得出相应的数据。

在实际操作中，还会遇到更为广泛的比例问题，例如，原计划将模型定为1:40，在制作过程中，却发现家具、树木、车辆等配件都没有1:40的成品件，这就需要采用各种材料来制作，并且要以1:40的模型原样为基础，不能随意扩大或缩小。这样制作出来的模型产品才具有指导意义和商业价值。

3. 熟悉材料特征

建筑模型与建筑实体一样，都以材料为物质基础，经过施工、操作构建起来，建筑物上的砖墙、门窗转换到模型中，可以用纸板、PVC边条来制作。建筑模型制作的重点就在于材料的运用，需要制作人员广泛了解模型的材料特性，并且能将同一种材料熟练地运用于不同的部位。例如，0.5mm厚的透明胶片，既能用于玻璃门窗与幕墙，又能当作弧形阳光顶棚，还能表现静止的水泊。

材料的特性不同，加工手法也不同，一定要以材料的性能为主，做不同处理。例如，1.2mm厚彩印纸板常用于模型外墙，使用裁纸刀开设门窗时，纸板会因为裁切而产生内应力，向道口划痕面弯曲，这样外表就不平整了。因此，在裁切过程中，应该从纸板的正反两面同时裁切，保持纸板的内应力均衡施展。这些都需要在模型制作中不断学习、不断总结。只有掌握了各种材料的特征，才能将模型完美地控制在自己手中。

4. 掌握严谨的制作工艺

建筑模型是通过烦琐的制作工艺来完成的艺术品，在模型材料的基础上做细致定位、裁切、粘接、组装等一系列工序。在操作过程中，工作人员要静心思考，对任何一道工序都要做反复比较，从比较中得出最完善的解决方法。例如，在模型制作中，经常要对各种板材做钻孔处理，尤其是坚硬的材料，稍不留神就会扩展圆孔直径，影响最终观赏效果。除了细致、严谨外，还可以利用钢笔帽、不锈钢管、金属瓶盖、子弹壳等器物来配合制作，当然，这一系列操作的前提仍然是严谨。其实，细致的操作并不影响制作时间，反而会因为工作效率提高而节省时间，同时，娴熟的制作工艺也是从严谨的操作中磨炼出来的。

5. 不断创新制作手法

传统的建筑模型全部由手工完成，根据不同材料运用裁纸刀、剪三角刀、圆规等工具制作。随着工作效率的提高，现在需要更快捷、更简单的方法来制作建筑模型，例如，裁切一块1~3mm厚的自由曲线形ABS板(一种塑料板材)，传统的制作工艺是：先在ABS板上绘制曲线线条，然后在线条外围切割成多边形，最后用裁纸刀仔细地将曲线修整平滑，这样操作起来相当复杂。根据此材料的加工性能、特点，经过缜密思考后，我们可以将大头针放在蜡烛上烤热，沿着曲线每间隔5mm左右钻一圆孔，然后就能比较容易地将曲线板材掰下来，最后使用砂纸打磨平滑。如果条件允许，还可以使用曲线锯或者数控切割机来制作，效率和质量都会大幅度提升。

建筑模型的制作手法要因环境而异，要因个人能力而异，环视周边一切可以利用的物品，将它们的作用发挥至极致，这需要敏锐的思考，并不断创新，才能得到完美的效果。

本 章 小 结

建筑模型是建筑设计和表现的一种重要表达形式，在中国其历史可追溯到汉朝时期的明器，后经唐宋至明清，"样式雷"烫样使古代建筑模型发展到了一个鼎盛时期。在国外，古代埃及建造金字塔就有使用建筑模型的记录。

建筑模型根据其材料、制作工艺、用途、表现部位不同，可以有不同的划分方法。目前常从用途的角度分为设计研究模型、展示陈列模型、工程构造模型。

建筑模型制作的学习是不断实践和积累的过程，初学者要从熟悉材料特性、掌握制作工艺入手，逐渐培养形体概括能力，不断创新制作方法。

思 考 题

1. 调查某一居住小区沙盘，熟悉展示陈列模型的主要特点。
2. 查阅相关资料，了解清代"样式雷"烫样。

第2章 建筑模型制作的材料与工具

本章提要

    详细介绍建筑模型的各种主体材料、装饰材料及粘接剂的特点和性能；介绍建筑模型制作使用的各种工具，包括测绘工具，手动和电动切割、挖钻、抛磨工具以及机械、激光雕刻机；介绍模型制作时主要工具的使用方法和常用材料的加工处理方法。

2.1 建筑模型制作的材料

建筑模型制作的发展过程，其实是一部建筑模型材料的发展史。从最初出土的由陶土制作的明器模型，到后来的石膏建筑模型，直至今天各种形式多样的有机板材制成的建筑模型，各种材料的运用，赋予了建筑模型灵魂。随着材料的发展和运用，建筑模型这种特殊的表现形式得到了极大的提升，近乎真实的各种材料，使建筑模型达到了最理想的表现效果(图2.1)。

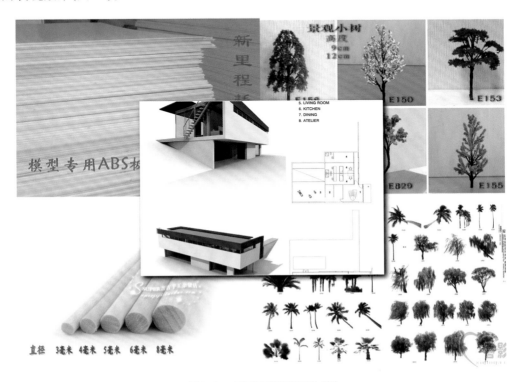

图2.1　不同的建筑模型材料

材料是建筑模型构成的一个重要因素，它决定了建筑模型的表面形态和立体形态。随着科学技术的不断发展，模型的制作，无论从工具、材料还是加工技术都得到了很大的提升。现在可以说没有什么东西不能应用到模型制作上。材料品种相当多，尤其是石油化工类，种类繁多，是以前没有的材料。当然，明确模型的材料使用，不仅要知道有什么样的材料，更重要的是如何灵活运用这些材料，掌握不同材料所具有的特性和作用以及产生的不同效果。

现代建筑模型的制作材料形式多样，大致可分为纸类(卡纸、纸板)、木材、泡沫塑料、氯乙烯、丙烯、塑料类(PVC板)以及金属、黏土、石膏、玻璃、涂料(着色剂)。另外，还有点缀环境的树木、花丛、草坪及反映模型尺寸(比例)时所采用的参照物(人物、车辆等)。材料有多种分类法，有按照材料生产年代划分，也有按照材料的物理性和化学性划分，在这里我们主要按照制作的主次角度划分为：主体材料、粘接剂和其他装饰材料三大类。

2.1.1 主体材料

1．纸质材料

在各类模型材料中，纸材是建筑模型制作中最基本、最简单的，也是被大家所广泛采用的一种材料。纸质材料易于裁剪，但延展性差，适合于制作很多外观简洁，形态凹凸面变化不大的模型，通常被设计师用来制作成设计初期的研究性模型(图2.2)。

纸质材料是模型表现的重要材料之一，具有加工制作简单，材料轻便但不宜长时间保留的特点。纸质材料通常用于概念设计模型或是结构模型

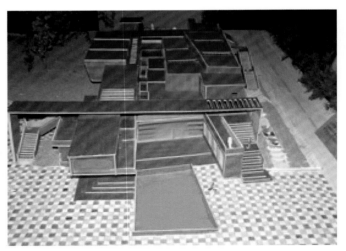

图2.2 纸质建筑模型

中。其易加工的特性更容易表现出模型的特点。纸质材料还具有品种多样、价廉物美、容易加工、容易塑型和富于变化的特点。选用纸张需要考虑以下性能：纸张的外观性能包括色度、平滑度、尺度、厚度、光洁度等，以及纸张抗张力、伸张率、耐折度、耐湿度和撕裂度。

纸张按其重量和厚度分为两类：厚度在0.1mm以下，每平方米重量不大于200g的称为纸；厚度在0.1mm以上，每平方米重量不大于200g的称为纸板。根据纸的厚度可分为：单层纸(厚度约0.25mm)，双层纸(厚度约0.32mm)，三层纸(厚度约0.4mm)，四层纸(厚度约0.6mm)，硬卡纸(厚度0.8～1.6mm)。在使用过程中，要根据模型的具体要求选择合适的纸材。一般较薄的纸硬度小，易弯曲成型，可用于制作表面曲面较大的模型；而较厚的纸材，硬度大，不易弯曲成型，一般用于制作建筑模型的主体结构和大面积墙体。

纸材是一种比较容易加工处理的模型制作材料，它经济实惠，而且颜色非常丰富，可塑性强，还可以根据需要，用水粉颜料和丙烯颜料涂刷或喷涂，以达到想要的肌理效果。另外，纸材的加工处理也比较简单，只需几件切割工具，如壁纸刀、手术刀、刀尖等。它的组合方式也很多，可采用折叠、切割、附加等多种手法进行制作。纸模型还可以采用各种装饰纸来装饰表面，采用瓦楞纸来装饰屋顶等。

但纸材一般来说抗水性能差，吸水易变形，表面起皱。因此，在纸模型的加工过程中，应尽量避免使用含水量多的粘接剂。

在建筑与环境模型表现中，常用的纸质材料有：卡纸、瓦楞纸、花纹纸、镭射纸、模型装饰贴纸、植绒纸、砂纸。

1) 卡纸

卡纸(图2.3)具有优良的纤维，因而表面细腻光滑，厚薄均匀，抗张力达200kg/cm²，耐磨度不少于20次。卡纸有国产纸和进口纸、光面纸和纹面纸、白卡纸和颜色卡纸、水彩卡纸和双面卡纸之分。厚度一般在0.5～3mm，常用于制作建筑的骨架、桥栏杆、阳台、

楼梯扶手、组合式家具等。制作模型卡纸的粘贴材料有乳胶、双面胶。卡纸模型制作方便，无噪声，色彩丰富，重量轻，但受温度和湿度影响较大，保存时间短。较厚的绘图卡纸能被很精确地裁剪和粘贴，也利于不同颜色的着色和喷漆。

白色卡纸平面尺寸一般为A0～A2，厚度为1.5～1.8mm，模型制作是用做骨架、地形、高架桥等能以自身强度稳固的物体，白卡纸还常用于概念模型，以加工的特点容易表现出概念的造型特征，单一的色彩也更容易突出模型的造型变化；彩色卡纸颜色多种多样，常用做墙面、屋面、地面和路面，平面尺寸一般为A1～A3，厚度0.5mm，正反面分为光面和毛面，表示不同的质感。

图2.3 卡纸材料

2) 瓦楞纸

瓦楞纸(图2.4和图2.5)的平面尺寸一般为A3～A4，厚度3～5mm。瓦楞纸选用品质优良的牛皮纸或纸袋纸制成，呈波纹状态，分单层与多层两种。瓦楞纸的波纹越小越细，也就越坚固。瓦楞纸是一种对制作地形模型而言很好的材料，由于材质轻，若负荷过量会被压扁变形。单层纸呈波浪形，多层纸的上面为波纹形，下面为平板形，具有良好的弹性、韧性和凹凸的立体感。单层瓦楞纸为美工纸，多层瓦楞纸一般用于包装。两者在模型中常用来制作别墅和有民族风格的屋顶斜面瓦楞，如琉璃瓦、梯沿砖以及屋顶的隔热层等。

图2.4 彩色瓦楞纸

图2.5 利用瓦楞纸制作的建筑屋顶

3) 花纹纸

压印有凹凸浮雕效果的各式花纹纸，色彩鲜艳，平面尺寸一般为A1～A4，厚度0.5～0.8mm，重量为100～300g不等。常见的花纹纸有虎皮纹、波纹条纹、布纹等，可用来制作道路、墙面、地坪、绿地、花圃等(图2.6)。

4) 镭射纸

镭射纸(图2.7)是模仿镭元素制成的新型装饰纸质材料，常见的多为金色和银白色，具有光泽和结晶，在光线照射下具有放射性和闪光的视觉效果，在模型表现中常用于建筑外墙的装饰。在制作中镭射纸通常代替铝板等反光较强的现代材料。

图2.6　花纹纸

图2.7　镭射纸

5) 模型装饰贴纸

建筑模型装饰贴纸(图2.8)是专用于建筑模型墙面装饰的专用纸，含有特种表层，纸面表层印有不同比例的砖纹、石纹、瓦纹、木纹等，并经过亚光或光胶印制处理，装饰效果逼真，常用于室内建筑模型墙面、屋顶的仿真装饰。市场上各式的墙壁纸可按比例及材质需求表现建筑模型的墙面、地坪或屋顶，尤其是细纹的绢墙布有时还会起到大理石的装饰效果，只要注意选择搭配恰当，墙纸对建筑与环境的烘托陪衬作用都会得到较好发挥。

6) 植绒纸

植绒纸(图2.9)是在纸基上粘一层均匀绒毛的装饰纸，有红、绿、灰、黄等多种色彩，可以在模型中用于制作地毯、草坪、球场、底座平面以及绿地等。另外，市场上有一种新型的植绒即时贴，自带不干胶，剪下来即可粘贴使用。植绒纸用于制作模型上的草坪、绿地、球场和地盘台面等，有国产和进口之分，颜色很多。绒纸可根据需要自制，其方法是：将细锯末染上所需要的颜色，然后选择相应的有色卡纸，在卡纸表面涂上乳胶，再将染色的锯末撒在纸上，反复粘撒，直至达到所需要的效果为止。

7) 砂纸

砂纸(图2.10)可用于室内的地毯和室外环境中的彩屏、球场、绿地等的装饰。水砂纸原用做打磨材料，但在模型的表现中，黄色水砂纸可以制作沙滩、球场、路面等，甚至刻字贴在模型底盘效果也不错。纸质材料成型的方法一般用剪刻、切、挖、雕、折、叠、粘等；粘贴的材料最好使用白乳胶、双面胶或模型胶。

图2.8　建筑模型贴纸

图2.9　植绒纸

图2.10　砂纸

2．木质材料

木质材料是制作木质建筑模型和底盘的主要材料，加工容易，造价便宜，天然的木纹和人工板材的肌理都有良好的装饰效果。除了纸张和厚纸板之外，木头和木材制的材料在建筑学的模型制造中是最常见的材料。从地板到精致装饰用的棍棒等工件，木材都因为它坚固，尺寸稳定的特征而被很好地加工处理(图2.11)。

图2.11　木材质模型

1) 木工板

木工板(图2.12)是由两片单板中间胶压拼接木板而成，有各种不同的颜色、颗粒状和厚度，木工板的常用幅面为2440mm×1220mm，厚度为12～18mm。木工板具有质轻、易加工、握钉力好、不变形等优点，坚固耐用、板面平整，是制作较大模型时常用于内部支架或平整的模型表面材料，是模型制作的较理想材料。细木工板是一种拼合结构的板材，板芯用短小木条拼接，两面再胶合两层夹板。

图2.12　木工板

2) 胶合板

胶合板(图2.13)是用三层或多层刨制或旋切的单板，涂胶后经热压而成的人造板材，各单板之间的纤维方向互相垂直(或成一定角度)、对称，克服了木材的各向异性缺陷。单层的厚度由0.2～6mm整个平地板的厚度从0.4～15mm，长度到305mm，宽则为100mm、122mm和152.5mm。

胶合板适用于大面积板状部件，主要用于制作模型的底盘，也可用于制作家具、船舶及车辆等模型表面和内部的支撑材料等。胶合板品种很多，通常采用的是厚度在12mm以下的普通胶合板。例如，榉木纹板、花梨木纹板和橡木纹板等，制作模型时可根据设计需要选择使用。胶合板的幅面尺寸规格为1220mm×2440mm。

3) 刨花板(密度板)

刨花板(图2.14)是利用木材加工废料加工成一定规格的碎木，刨花后再使用胶合剂经热压而成的板材。刨花板的幅面大，表面平整，其隔热、隔声性能好，纵横面强度一致，加工方便，表面还可以进行多种贴面和装饰。刨花板是制作板式家具模型的理想材料，其横切面由于细腻平整，通过板材的相互叠加胶合后，切、刨制方便，易于加工平缓的单向曲面。但刨花板容易受潮而膨胀变形，用其制作的模型需要封漆隔潮。

图2.13　胶合板

图2.14　刨花板

刨花板的种类很多，按容量可分为低密度刨花板、小密度刨花板、中密度刨花板、高密度刨花板四种。刨花板的性能不仅取决于使用的材料，还取决于它的加工方法和工艺过程。因此，要根据产品造型的不同要求选择不同种类的刨花板，目前在模型制作中较为普遍使用的是中密度刨花板。刨花板幅面尺寸规格为1220 mm × 2440 mm。

4) 软木板

软木板(图2.15)是由混合着合成树脂胶粘接剂的颗粒组合而成的。软木板的组织结合较不紧密，也因此显得较软，且重量也只有硬木板的一半(大约10.95kg)。软木板在汽车配件店中可以买到，平地面尺度为400mm × 750mm，厚度有1～5cm之间的规格。软木板加工容易，无毒、无噪声且制作快捷，用它制作的模型有着其特有的质感。用软木板制作厚度不够时，可把软木板多层叠加粘起来以达到所需的厚度。

加工时，单层可用手术刀或裁纸刀，多层或较厚则可用台工曲线锯和手工钢丝锯。在使用软木板时必须注意到它的结构问题，若软木板的颗粒磨得太粗，会妨碍其使用，而在科技实践中使用的软木板(如汽车制造用的密封材料或真料)或是在医学上应用的软木板，都特别适合用来做模型。

5) 航模板

航模板(图2.16)是采用密度不大的木头(主要是泡桐木)经过化学处理而制成的板材。这种板材质地细腻且经过化学处理，因此，在制作过程中只要使用工具方法得当，无论是沿木材纹理切割，还是垂直于木材纹理切割，切口部都不会劈裂。此外，由于模型制作现在都由激光雕刻机来完成，其表面图案更加精美，切割成各种异型也都得心应手。目前市场上，加拿大进口航模板的质量明显好于国产的，该材料优点是材质细腻、挺括、纹理清晰、极富自然表现力，且加工方便。其缺点是吸湿性强、易变形、细部加工较困难。

图2.15　软木板

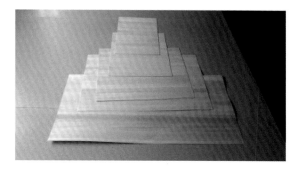

图2.16　航模板

6) 其他人造装饰板

目前，随着生产技术的发展，各种装饰板材不断推向市场。可以应用于模型制作的装饰板材有仿金属、仿塑料、仿织物和仿石材等效果的板材(图2.17)。还有各种用于裱糊的装饰木皮等，都可以应用到模型的制作中。仿金属的板材主要是铝塑板，其表层镀上金属漆，可仿制铝铜和不锈钢等效果。制作模型时，可以根据设计的效果选择使用。这些材料在国内各大城市的装饰材料市场均有销售，在模型加工过程中如果应用适当，效果还是比较理想的。

图2.17　人造板

3.塑料类材料

在当代建筑模型制作中，遵循着最大限度表现实体这一原则，因此，各种建筑模型材料力求接近实际，随着科技的进步，更多高分子有机材料的运用，使得建筑模型外形变得更有质感。如有机玻璃板、塑料板、ABS板得到了广泛的运用。

这类材料一般称为塑料类材料(或硬质材料)，均属于高档材料。其主要用于展示类规划模型(图2.18)及单体模型制作，对建筑外立面具有极好的表现效果。通常是用化学方法合成的材料，由合成树脂、填充材料、增塑剂、稳定剂、润滑剂、抗静电剂、着色剂等构成。其质轻、耐腐蚀、强度高、色泽成型好。在建筑与环境表现中，常用的塑料品种有以下几种。

图2.18　有机玻璃板建筑模型

1) 有机玻璃板

有机玻璃(图2.19)学名为聚甲基内稀酸甲酯(PMMA)。它是玻璃态高度透明的固体，强度高，抗拉，抗冲击度比无机玻璃高 8 倍。其产品有板材管、棒等，又分为透明、半透明和不透明三种。透明的用于制作建筑玻璃和采光部分；半透明和不透明的主要用于建筑物的主体部分。最常用的还是以无色透明为主。

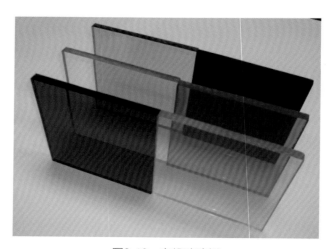

图2.19　有机玻璃板

有机玻璃质地细腻，表面整体装饰效果好，可塑性强，通过热加工可以制作各种曲面、弧面、球面的造型，可批量的生产。其缺点是易熔化，不易保存，制作工艺复杂。

有机玻璃的规格：厚度有1mm、2mm、3mm、4mm、5mm、8mm等，最常用的为1～3mm，有机玻璃罩采用3～5mm。有机玻璃除了板材还有管材和棒材，直径4～150mm，适用于一些特殊形状的模型。有透明、半透明蓝色、黑色、红色等多种选择，通常用于制作建筑模型玻璃的部分。其适合用数控激光切割机加工，也可以手工使用钩刀切割，可喷漆。

有机玻璃常用在制作大比例模型时(大于等于1∶200)，如用来作为墙面、窗户，刻通后贴玻璃，由于墙面需要喷漆，任何颜色皆可。在小比例模型中，正面用胶带刻窗户后喷漆，背后裱银膜或喷银粉漆，所选用的颜色需要与建筑物的玻璃颜色一致。同时一些规划模型和展示模型也常用到有机玻璃。用有机玻璃块来充当概念化的建筑，可与四周的环境产生强烈的对比。有机玻璃的材质特征决定了它加工较难的特点，但易于粘贴，强度较高，做出的模型挺拔、光洁，而且保存时间长，其仍为最常用的模型制作材料之一(图2.20)。

2) 塑料板

塑料板(图2.21)的适用范围，特性和有机玻璃板类似。其材质坚硬，有透明、半透明、不透明之分，常见的颜色有白色，也有彩色系列，可预热加压成型。它的造价比有机玻璃板低，但板材强度不如有机玻璃高，加工起来板材发涩，有时给制作带来不必要的麻烦，因此，模型制作者应慎重选用此种材料。

图2.20　有机玻璃板户型模型

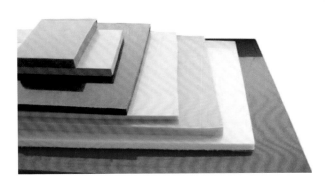

图2.21　塑料板

3) ABS板

ABS板(图2.22和图2.23)是一种新型的建筑模型制作材料，该材料为磁白色板材，厚度0.5～5mm，是当今流行的手工及电脑雕刻加工制作建筑模型的主要材料。ABS板材质细腻，易加工，着色力强，可塑性强，适用范围广泛，但材料塑性较大。

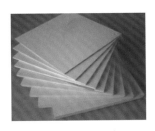

图2.22　ABS板

图2.23　ABS板建筑模型外墙

4) 聚氯乙烯

聚氯乙烯(图2.24)又称PVC塑料，分硬质与软质两类，硬质聚氯乙烯坚硬，机械强度好，白色，不透明。常用厚度有0.5mm、1mm、1.2mm和1.5mm。其弯曲性较有机玻璃优越，易于加工，一般的小裁纸刀可刻穿，粘接性好，不易吸温变性，可以用数控铣床加工，适合做建筑墙体、楼板等。对油漆等有机溶剂的反应需实验。PVC板材有适度的可弯曲性，可通过直接弯曲或用电吹风加热来制作弯曲墙面。

聚氯乙烯由于胶板不透明，可只刻出窗户后用于大比例模型(不小于1:250)，或做圆弧阳台、雨篷。软聚氯乙烯的成品有色彩花纹地胶板、墙纸、电线套管、泡沫PVC等。可以用于建筑模型中的建筑墙面装饰，水管、油管管面线布置，路面、地坪装饰等。

5) 聚氯酯

聚氯酯又称PU塑料或泡沫塑料，其外观似海绵，疏松多孔柔软且富有弹性。它可塑性较强，与油漆喷涂后会收缩，经喷漆、浸泡和破碎处理可制作树球，花粉林带。

6) 苯板

苯板又称发泡板，质地松软，易于成型，稳定性好，便于着色。其可以与任何颜色及涂料混合，易于制作和粘接，是制作结构性的设计模型以及制作山地、地貌和林带的最佳材料。

7) 吹塑板

吹塑板(图2.25)又称EPS发泡胶，具有良好的表面光泽，色泽柔和丰富，易于加工成型，比较经济，但是极容易折断，表面十分容易破损，不宜耐久保存。它是传统建筑模型中制作房屋、路面、台阶、山地等高线、梯田等的合适材料。

图2.24 软聚氯乙烯

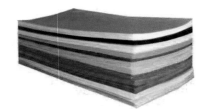

图2.25 吹塑板

8) 透光PVC胶片

透光PVC胶片是一种硬质超薄型氯塑，机械强度好，表面进行化学浸镀，有银色、金色、茶色、蓝色、绿色等，具有银面的效果，可卷曲刻画，适合制作现代建筑和透光的玻璃幕墙。其在裁切中多使用手术刀进行分割。

9) 即时贴

即时贴(图2.26)是一种软质丙烯(PP塑料)，质轻强度大，耐热易燃烧，色泽丰富。它背面涂上不干胶后，便成为色彩丰富、使用极为方便的即时贴。即时贴分为不透光贴、透光贴、镭射贴、花纹贴、反光贴多种，一面色泽鲜艳，一面自带不干胶，剪刻下来撕去寸纸即可贴用。它可以装饰模型的平面，房屋立面建筑装饰线、地坪、屋顶、横行道、快慢车道等。

10) 泡沫塑料

泡沫塑料(图2.27)质地轻盈且比较软，容易加工，但比较粗糙，比较适合制作构思模型、规划模型和概念模型。一般情况下，密度较高的的硬质发泡塑料，适宜制作较为精细的规划模型；密度较粗的发泡塑料，适宜制作构思模型和概念模型。

泡沫塑料在加工时，体积较大的可用钢丝锯或电热锯进行切割，然后再用壁纸刀、手术刀、什锦锉、砂纸等进行修整；体积较小的也可直接用壁纸刀、手术刀进行切割。

4. 可塑性材料类

在建筑模型制作中，各种材料的运用使建筑模型设计理念得到最大程度的体现。在此基础上，各种可塑性材料在近年来得到广泛的运用。可塑性材料，顾名思义，就是在建筑模型制作过程中，可以根据实际需要，将此类材料制作成所需要的形状，合理地运用在布景、建筑小品当中，使建筑模型的表现形式丰富起来。

可塑性建筑模型材料主要有石膏、陶土和油泥三类。

1) 石膏

石膏(图2.28)是一种使用范围较广泛的材料，我们常用来制作模型的石膏主要是二次脱水的无水硫酸钙，呈白色粉末状，固结和后质地较轻而硬。石膏常用于建筑模型的地盘制作，以及一些概念性规划模型的设计制作中。石膏以其独特的表现形式在建筑模型制作中取得了很好的表现效果。但石膏的干燥时间长，加工制作过程中物件易破损，且受材质自身的限制，物体表面略显粗糙。

图2.26　即时贴

图2.27　泡沫塑料

图2.28　石膏粉

2) 陶土

陶土(图2.29)虽然是艺术类专业模型制作材料，但在建筑模型制作中也可作为可塑性材料使用。砂质黏土陶土(较细微的胶料)和砂质黏土(由蜡、色料和填充剂混合而成)是两种轻的且可以再次重新塑形、捏制的混合物。使用这两种材料会使概念模型或是工作模型有初步的外形形象。储存的陶土和用陶土制作的模型都须覆盖一层薄膜，以防干燥。

3) 油泥

油泥(图2.30)是一种人工制造的材料，比普通水性黏土强度高、黏性强。它是一种软硬可调，质地细腻均匀，附着力强，不宜干裂变形的有色塑形材料。

油泥模型在一般气温变化中胀缩率小，且不受空气干湿变化而龟裂，可塑性好，易挖补，适合于塑造形态精细的模型。其使用过程中不易干燥，一般也可用于制作灌制石膏模具。油泥在反复使用过程中应避免混入杂质，影响其质量。不使用时，可以用塑料袋套封保存。

5. 金属类材料

模型制作中使用的金属材料，是根据模型在具体制作时的实际需要，或者作为部位的特殊需要进行处理的，它有利于模型细部的精致刻画。金属材料分钢铁材料、有色金属材料及合金材料。直接用于建筑与环境模型表面的金属材料主要有不锈钢、铝合金、

图2.29　陶土

图2.30　油泥

铅、铸铁等，主要用于底盘与面罩的制作以及环境模型中的管道、路灯、电杆、栏杆等。在模型制作过程中，金属片、管、杆的制作均需弯折屈曲，可以通过人工和机械两种办法进行曲折制成。人工通常可曲折0.5mm厚的金属片和较长较细的金属管。对于较厚的金属板材及长度较小的金属片、管、杆等，其曲折可借助于工具。

在建筑与环境模型的表现中，常用的金属品种有铝合金、不锈钢、铅、铜丝、铁丝等。

1) 铝合金

铝合金特点是质轻价廉，其强度却可与钢材媲美，无需进行防锈处理，还可作氧化着色处理，显现不同的颜色，如金黄色、青铜色等。铝合金材料的品种和用途，在中小型模型制作中与不锈钢材料差不多，且其成本较低、加工成型更容易。

2) 不锈钢

不锈钢材料一般不易生锈，但它只是在空气、水等弱介质中不生锈，如遇到酸类强腐蚀性的介质仍会生锈。不锈钢主要用于模型的电杆制作，在加工中不锈钢的焊接点要进行细致的打磨。

3) 铅

铅制模型是浇铸而成的，因此大量的前期工作花在模具的制作上，磨具采用砖雕或翻炒而成，通过将铅融化后浇入模具经过冷却而成。铅制模型主要用来制作古建筑和放大的古建筑局部及复制古董。常在大比例古典建筑模型中做一些复杂的檐口、栏杆等配件。一些铅制的模型成品在市场上可以买到，如小拱桥、四角亭、八角亭、几层塔等等。这些成品只要比例选用恰当，点缀于模型的园林部分，就能起到很好的美化作用。

4) 其他金属材料

其他金属材料包括白铁皮、铜丝、钢丝等，常用于一些特殊模型，如油库模型、港口模型、桥梁模型中。做油罐需用镀锌或镀锡薄钢板，做铁塔要用钢丝焊接，做桥梁要用细钢丝拉弦。热加工主要指铸造、锻造和焊接；冷加工主要指车、钳、铣、刨、钻、镗、磨等。不锈钢、铝合金材料硬度差异太大，一般前者宜用热加工，后者宜用冷加工。

2.1.2　粘接剂

粘接剂(图2.31)在建筑模型制作中占有很重要的地位，它是指通过粘接作用把两个固体物质连接在一起并具有一定连接强度的物质。建筑模型制作中，主要是靠它把多个点、线、面材连接起来，组成一个三维建筑模型。不同材料的特性有较大的区别，要根据材料的特性选用不同的粘接剂。因此，我们必须对粘接剂的性状、适用范围、强度等特性有深刻的了解和认识，以便在建筑模型制作中根据不同材质的需要，合理地使用各类粘接剂。

图2.31　粘接剂

按粘接材料的不同，粘接剂可分为：纸类粘接剂(如白乳胶、胶水、喷胶、双面胶带、U胶等)、塑料类粘接剂(如三氯甲烷、502胶粘剂、903建筑胶、热熔胶等)、玻璃类粘接剂(如793玻璃胶、万能胶、丙烯酸酯粘接剂等)、木材类粘接剂(如万能胶、白乳胶、U胶、酚醛-氯丁胶粘剂等)。

无论采用哪种粘接剂，在使用之前，都必须对所要连接的模型材料进行干燥，清理灰尘和油渍。而且粘接剂使用量也应该适量，并非越多越牢固，粘接剂过多会流到模型其他部位，影响模型的表面整洁和模型整体精细程度。在粘接工件时，可适当地通过钳口夹等其他夹具或施压适当重量，这样可以让工件连接更加牢固。

以下介绍几种常用的粘接材料。

1) 万能胶

万能胶(图2.32)又称立时得，为黄包胶液，主要粘接夹板、防火胶板。粘合时需将被粘体清扫干净。用刮刀(也可用夹板条、金属片)将胶液刮涂于被粘体表面，刮涂要薄而均匀。待10～15min凝固后在粘合并稍加施压。

图2.32　万能胶

2) 三氯甲烷与丙酮

这两种粘接剂主要粘接有机玻璃、PVC胶片，一般的化工原料商店均有销售。使用时需用注射器，需要多少就装多少，粘接时针头对准粘接处让三氯甲烷顺势流下后进行短时间的固定。三氯甲烷与丙酮有毒素，且极易挥发、易燃、要注意妥善保存(图2.33)。

图2.33 三氯甲烷

3) 模型胶

UHU胶(图2.34)广泛用于粘接布、塑胶(亚克力，PVC)、金属、木材、纸品等材料，具有接着力强，对粘接材质本身不会腐蚀；涂布容易，操作方便，干燥迅速，耐水性强，干燥后透明不影响粘接物的美观；耐寒性侵蚀，适用于冷冻库保温材料粘接。

4) 502胶

502胶(图2.35)称瞬间快干胶，为透明胶水，极易干，借助空气或是湿度反应，其分为可渗透和不可渗透两种。因为可以产生快速而耐久的连接，不必将物质长时间握持或紧压。502胶的使用很方便，主要用来粘接各种塑料、木料、纸料，黏性极强，但对皮肤有腐蚀性，要小心使用。

图2.34 UHU模型胶   图2.35 502胶

5) 白乳胶

白乳胶(图2.36)为白色胶浆，由在水中会膨胀的人造树脂所组成。在水分蒸发后，人造树脂会形成一层几乎无颜色的薄膜。这种粘接剂使用前提为：至少有一种材质是可以透气的，溶剂的水分才能蒸发。其干固较慢(约24h)，干后是透明状，易溶于水，使用方便，常用于大面积粘接木材、墙纸和沙盘草坪。某些情况下可以用白乳胶粘接纺织品、纸箱和纸类。

图2.36 白乳胶

2.1.3 其他装饰材料

辅材是制作建筑模型主体外部所使用的材料，主要用于制作建筑模型的细部和环境，使建筑模型更具有系统化和专业化。辅材也是建筑模型中的装饰类材料，属于高档材料范畴，这些材料的使用，进一步细化了建筑模型。

1) 生活材质

在模型建造中我们会使用到小型材质(图2.37)。重要的小型材质有大头针、自粘纸胶带等，像缝线、编织线、紧扣、圆环和螺纹可以在渔具店中找到。小型材质中大头针和记号针是用于组合模型和固定模型；用线条可以表现出刚构造(如用尼龙线和不同图案、直径的编织线，通过小的钥匙圈或螺纹等进行连接)，还有街道、巷道及工作模型中的平面边界；用大于0.5mm宽、不同颜色的自粘塑胶或纸胶带表现模型外观、窗户、门的侧面和外框。

图2.37　生活材质

2) 各种成品型材

建筑模型成品型材(图2.38)是将原材料初加工为具有各种造型、各种尺度的材料。现在市场上出售的建筑模型型材的种类较多，按其用途可以分为基本型材和成品型材。基本型材主要包括：角棒、半圆棒、圆棒、屋瓦、墙纸，主要用于建筑模型的主体制作。成品型材主要包括：围栏、标志、汽车、路、灯、人物等，主要用于建筑模型配景的制作。

图2.38　汽车模型

3) 人物、交通工具和家具成品模型

人物模型有用木头切片制成的人物，剪影人形，亚克力做成的人形，硬泡棉做成的人形，黏土、陶土或铁丝制成的人形。在进行选择时要考虑到人物和周围环境的比例模数。同时，人物的材质选择要与主体模型材质相一致。交通工具模型可购买不同比例尺度及种类的汽车模型，也可按比例要求自己设计制作汽车模型。家具模型可用泡沫、石膏、木头、硬卡纸等做立方体、小方块、长方体及不同横切面或用亚克力来表示家具装饰(图2.39)。

图2.39　沙发模型

4) 各种装饰贴纸

目前，市场上的装饰纸无论是品种还是规格都非常齐全，有仿木纹纸、仿大理石纸、壁纸等多种效果可供选择。在选择时，应选择合适比例的装饰纸，按照片尺寸裁好，在背面涂上乳胶或胶条，对准被贴面的角，轻轻固定，然后用手向外平铺，保证表面光滑无气泡。如果有气泡可用大头针扎破。对于装饰墙中有窗户的，可以在贴好后，再用铅笔画出门窗尺寸，用壁纸刀、钢尺等刻去多余的装饰纸，露出窗户(图2.40)。

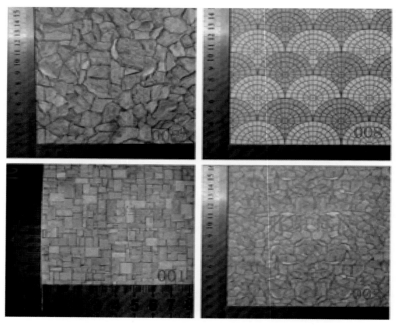

图2.40　装饰纸

5) 仿真草皮、草粉

仿真草皮(图2.41)是用于制作建筑模型绿地的一种专业材料，该材料质感好，颜色逼真，使用简便，仿真程度高。此材料目前多为进口，价格较贵。

6) 树粉海绵

海绵有粗孔海绵、中孔海绵、细孔海绵等，主要用来制作建筑的绿化环境中的树木、花草等。可根据需要随意加工成各种造型的绿化用树木、颜色，也可根据需要自由调和。此材料使用方便、品种丰富(图2.42)。

图2.41　草皮植绒纸　　　　　　　　　　　图2.42　树粉海绵

7) 仿真水面材料(环氧树脂)

仿真水面材料主要是制作模型中有水面效果的部分，有静态的水面效果、动态的水面效果等几种材料。其仿真效果极强(图2.43)。

图2.43　利用环氧树脂制作的模型水面

8) 模型漆

常用的模型漆有专用塑料油漆、ABS塑料油漆、自动喷漆、丙烯彩色颜料等(图2.44)。

图2.44　模型漆

2.2 建筑模型制作的工具

建筑模型是各种材料的综合体。因此，建筑模型制作应有足够的配套工具，这样才可以根据材料选择使用不同的工具。制作模型，工具不可缺少，如模型切割工具，还有强固、凿孔等多种工具。假如工具与材料不匹配，容易使模型制作速度缓慢，且效果不佳。例如，木材加工采用金属切割工具，薄板材还可以完成，若是厚一点的板材就会花费的时间长一些。当然，无论是什么工具，只要在模型设计制作中能起一定的作用，给模型的制作带来方便，都应该得到肯定和利用，也不应那么"教条"了。值得指出一点：对制作模型所使用的工具、材料，都必须较理想的把它们变成"自己的东西"，并能运用自如、得心应手，才能创造和发挥每个人的主动能力及创造能力。

2.2.1 建筑模型的测绘工具

制作建筑模型时，应先做到对所制作的对象进行认真的测量和绘图，对地形等高线应该进行准确测量并在实际制作时严格按等高线去切割所有层高，对建筑物则应按比例严格绘图。这种办法看起来是麻烦和多余，实际上是省工省时，且返工率极小的一项重要过程。具体做法是：先认真在制作模型所用的材料上放样绘图，再用工具来进行下料(切割)制作。未经过以上程序而制成的模型则无任何价值。因为，它不真实、不准确。

建筑模型的测绘工具主要有以下几种。

(1) 铅笔、鸭嘴笔(图2.45)、针管笔，是模型绘图和下料画线工具。

(2) 丁字尺、直尺、三角板、圆规，是基本测量和绘图工具(图2.46)。

图2.45 鸭嘴笔

图2.46 丁字尺、三角板

(3) 分规(图2.47)，用于测量和画线，以及在有机玻璃、ABS板上画圆。

(4) 直角尺(图2.48)，用于画垂直线，测量和切割直角。

图2.47 分规

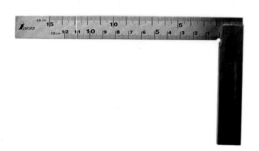

图2.48 直角尺

(5) 高度角、卡尺(图2.49)，用于精细类模型的测量。

(6) 钢尺(图2.50)，主要辅助美工刀用来裁边，切割材料时应使用防滑的切割垫作为底垫。

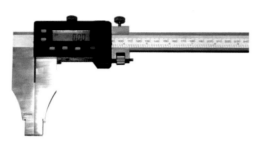

图2.49　卡尺　　　　　　　　　　　图2.50　钢尺

(7) 三棱比例尺(图2.51)，是按比例绘图和下料画线时不可缺少的工具。三棱比例尺又能用作定位尺，在对厚的弹性板材作60°斜切割时非常有用。

(8) 卷尺(图2.52)，用于测量较长的材料，携带方便。

图2.51　三棱比例尺　　　　　　　　　图2.52　钢卷尺

(9) 各种曲线板(图2.53)，用于画、割曲线。

(10) 蛇形尺(图2.54)，可弯折成任意弧度，是画、割任意弧形的工具。

图2.53　曲线板　　　　　　　　　　　图2.54　蛇形尺

2.2.2　建筑模型制作的手动工具

1. 手动切钻工具

(1) 美工刀(图2.55)，又称墙纸刀，常用于切割墙壁纸，在制作模型时可用来切割卡纸、吹塑纸、发泡塑料、各种装饰纸和各种薄型板材等。

(2) 美工钩刀(图2.56)，刀头为尖钩状，可买到成品，也可用钢锯条磨制而成。在制作模型时，主要用来切割有机玻璃和各种塑料板材。

图2.55 美工刀

图2.56 美工钩刀

(3) 手术刀(图2.57)，手术刀的刃口锋利，主要用来切割薄型材料。

(4) 单双面刀片(图2.58)，单双面刀片是刮胡须用的刀片，刀刃最薄，极为锋利，是切割薄型材料的最佳工具。

图2.57 手术刀

图2.58 单面刀片

(5) 木刻刀(图2.59)，木刻刀有很多种，这里选用平口刀和斜口刀两种，一般用来刻字或切割薄型的塑料板材。

(6) 斜嘴钳(图2.60)，用于剪断材料。

图2.59 木刻刀

图2.60 斜嘴钳

(7) 老虎钳(图2.61)，用于剪断坚硬材料和金属线。

(8) 弓形锯(图2.62)，用来对塑料和木材的片材进行直线、曲线的切割，以及打孔切割。

图2.61 老虎钳

图2.62 弓形锯

(9) 钢锯(图2.63)，用于切割金属、木质很有弹性的塑料等。

(10) 钢丝锯(图2.64)有金属架钢丝锯和竹弓架钢丝锯之分，但性能是一样的，钢丝锯的锯条是用很细的钢丝制成。由于锯料时的转角小，锯口也很小，因而能随心所欲地锯出各种形状或曲线形。钢丝锯还是锯割有机玻璃材料的理想工具。

图2.63　钢锯

图2.64　线锯锯条

(11) 钢针(图2.65)，用来在质地较硬的材料上画线。

(12) 手摇钻(图2.66)，是常用钻孔工具，尤其是在脆性材料上钻孔时比较好用。

图2.65　钢针

图2.66　手摇钻

2．手动锉削工具

(1) 各种锉刀(图2.67)。扁锉用来锉削平面、外曲面；方锉用来锉削凹槽、方孔；三角锉，用来锉削三角槽和大于60°的角面；半圆锉，用来锉削内曲面、大圆孔及与圆弧相接平面。

(2) 砂纸(图2.68)，主要用来打磨模型表面，还可以用来磨平或切除切口的毛刺(模型打磨适合选用300～500号的砂纸)。

图2.67　锉刀

图2.68　砂纸

(3) 木工刨(图2.69)，用来刨平木材的平面及毛边。

3．手动夹持工具

(1) 镊子(图2.70)。在制作细小构件时特别需要镊子来辅助工作。

图2.69　木工刨

图2.70　镊子

(2) 第三手架，用来帮助固定部件，以进行粘接和其他工作。

(3) 尖嘴钳(图2.71)，用来夹捏材料。

(4) 台虎钳(图2.72)，是用来夹持较大的工件，以便于加工的辅助工具。其从结构上可分为固定式和回转式两种。回转式台虎钳使用方便，应用较广。

图2.71　尖嘴钳　　　　　　　　　　　　　　图2.72　台虎钳

(5) 桌虎钳(图2.73)，用来夹持小型工件，用途与台虎钳相同，有固定式和活动式两种。

(6) 手虎钳(图2.74)，用来夹持很小的工件，便于手持进行各种加工，携带方便。

图2.73　桌虎钳　　　　　　　　　　　　　图2.74　手虎钳

4. 其他手动工具

(1) 模具，制作石膏模型和模压实验。

(2) 手锤(图2.75)，用来击打。

(3) 干燥器(图2.76)，用于较大块的有机玻璃和其他材料的加热弯曲成型。

图2.75　手锤　　　　　　　　　　　　　图2.76　玻璃干燥器

(4) 注射器(图2.77)，用于注射丙酮、三氯甲烷液体溶剂，有机玻璃，ABS工程塑料、赛璐珞等材料的粘接面。一般选用5mL医用玻璃注射器比较适合，针头一般选用5、6、7号。

(5) 操作台(图2.78)，是制作模型必须的工作条件。简易的操作台可利用制图板替代，对于较大规模的展出模型、沙盘或大型的模型，则必须具备相对固定的操作台。

图2.77 注射器

图2.78 操作台

2.2.3 建筑模型制作的机械工具

1. 电动切割工具

(1) 电热钢丝锯，一般是自制组装的工具，对快速切割发泡塑料、吹塑和聚苯板等有极佳的效果。

(2) 电动钢丝锯(图2.79)，是快速切割有机玻璃材料的工具。

(3) 手持式圆盘形电动切割机(图2.80)，可用来锯割木质、塑料等材料。由于切割速度快，而且携带方便，因而使用较广泛。

图2.79 电动钢丝锯

图2.80 手持式电动切割机

(4) 电热切割机(图2.81)，用电热金属丝发热进行切割硬质泡沫。

2. 电动钻孔工具

(1) 手电钻(图2.82)，可在各种材料上钻1~10mm的小孔，携带方便，使用灵活。

图2.81 电热切割机

图2.82 手电钻

(2) 各式钻床，有台式钻床、立式钻床和摇臂钻床。钻床可在不同材料上钻直径、深度较大的孔(图2.83)。

图2.83　各种台钻

3．电动打磨工具

(1) 砂轮机(图2.84)，用于磨削和修整金属或塑料部件的毛坯及锐边。砂轮机主要由砂轮、电动机和机体组成。其按外形可分为台式、立式砂轮机两种，使用时可根据磨削的材料类和加工的粗细程度，选择(直径、硬度、粒度)合适的砂轮机。

(2) 抛光机(图2.85)，由底座、抛盘、抛光织物、抛光罩及盖等基本元件组成。 电动机固定在底座上，固定抛光盘用的锥套通过螺钉与电动机轴相连。抛光织物通过套圈紧固在抛光盘上，电动机通过底座上的开关接通电源起动后，便可用手对试样施加压力，在转动的抛光盘上进行抛光。

图2.84　砂轮机

图2.85　抛光机

4．其他电动工具

(1) 电焊枪(图2.86)，用来焊接金属类材料。

(2) 电烙铁(图2.87)用于焊接金属工件，或对小面积的塑料板拆进行加热弯曲。一般选用35W内热式及75W外热式电烙铁各一把。

图2.86　电焊枪

图2.87　电烙铁

(3) 喷枪和空气压缩机(图2.88)，用来对大型模型进行大面积喷涂。

图2.88　喷枪和空气压缩机

(4) 电吹风(图2.89)，用来对塑料板材进行焊接加工。最好选择1200W理发用的电热吹风机。电热吹风机吹出的热风能熔化塑料焊条，可以很容易地将两块塑料板材焊在一起。

(5) 电热恒温干燥烘箱和电炉(图2.90)，用于有机玻璃和其他塑料板材的加热，以便弯曲成型。电热恒温干燥烘箱的温度可以在150～300℃之间设定，电炉最好选择1500～2000W大炉盘。

图2.89　电吹风　　　　　　　　　　图2.90　烘箱和电炉

2.2.4　计算机数控设备

数控模型在当前应用比较广泛。数控是"计算机数字控制"的简称。数控模型制作使用设备为一台计算机和一台雕刻机。制作过程由计算机绘图、机器雕刻、手工粘接三个阶段组成。切割和雕刻设备主要有机械雕刻机和激光雕刻机等。数控雕刻机是使用小刀具进行高效精细的雕刻，效果优良，主要由专业的计算机数控技术、雕刻加工技术和工艺来支持。数控模型适合制作表现类模型，一般由专业模型公司制作。

1) 机械雕刻机

使用机械雕刻机(图2.91)制作建筑模型不仅能够提高模型制作的精确性、制作工艺及速度，还可以完成批量切割和雕刻。通过输入计算机的CAD线图，机械雕刻机将计算机指令进行雕刻和切割模型材料。机械雕刻机具有转速高、加工效率高等特点，雕刻机铣床上的旋转铣刀对材料进行精细的机械传动加工，材料削切后，按照图纸进行粘接组装即可。

2) 激光雕刻机

激光雕刻机(图2.92)，与机械雕刻机不同的是，激光雕刻机采用激光管发射出的激光束来雕刻和切割材料。相对于机械雕刻，激光雕刻更加细致、准确，对模型的精细处理实现了复杂模型的成批制作和细节雕琢，是展示模型或精细模型在制作工艺上的飞跃。

图2.91　机械雕刻机

图2.92　激光雕刻机

2.3　工具的使用和材料的加工方法

2.3.1　切割工具的使用

建筑模型制作中，切割是最基本的也是最常用的步骤。常见的切割工具有美工刀、裁纸刀、带弯钩刀(有机玻璃切割)、45°角切割刀、木刻刀等。

1．美工刀

美工刀是最常用的切割工具，一般的模型材料(纸板、航模板等易切割的材料)都可使用美工刀来进行切割，它能胜任模型制作过程中，从粗糙的加工到精细的刻画等工作，是一种简便结实，有多种用途的刀具。美工刀的刀片可以伸缩自如，随时更换刀片；在细部制作时，可在塑料板上进行画线，也可切割纸板、聚苯乙烯板等。具体使用时，应根据实际要剪裁的材料来选择刀具，例如，切割木材，木材越薄，越软，刀具的刀刃也应该越薄，厚的刀刃会使木材变形。

切割时，首先必须用一支较淡的铅笔将需要的边界线标识出来，切割以后，这些标识线最好不要遗留在所需要的板材上。切割后的边缘材料要与材料的表面呈90°角，各个部分便可以对接或者粘接在一起。

在转角处，材料的边缘也可以切割成45°角以形成斜拼连接。市面上有专门的45°角切割道具可供选用，这种专业的道具切割效果比纯手工切角要好。另外一种方法是木工常用的，制作一块边缘为45°角的木板，并将其用作模板，来引导标准的裁纸刀的刀刃走向(图2.93)。

图2.93　美工刀切割姿势

另外还可以用一把金属边的尺子来界定刀的走向，以保证直线切割。还有一个重要的工具是硬质的切割垫板，它不仅仅用来保护桌面，还可以保证更好的切割质量。

使用方法：先在材料上画好线，用直尺护住要留下的部分，左手按住尺子，要适当用力(保证裁切时尺子不会歪斜)，右手握住美工刀的把柄，先沿画线处用刀尖从画线起点用力画向终点，反复几次，直到要切割的材料被切开。

2．钩刀

钩刀是切割厚度小于10mm的有机玻璃板、ABS工程塑料板和其他塑料板材的主要工具，也可以在塑料板上做出条纹状肌理效果，也是一种美工工具。钩刀的使用方法是在材料上画好线，用尺子护住要留下材料的一侧，左手扶住尺子，右手握住钩刀的把柄，用刀尖轻刻切割线的起点，然后力度适中地用刀尖往后拉，反复几次直至切割到材料厚度的三分之二左右再折断，每次钩的深度为0.3mm左右(图2.94)。

图2.94　钩刀切割

3．剪刀

剪刀是一种常见的裁剪切割工具。在模型制作中最常用的有两种剪刀：一种是直刃剪刀，适用于裁剪大中型的纸材，在制作粗模型和裁剪大面积的圆形时比较好用；另一种是弧形剪刀，广泛适用于裁剪薄片状物品和各种带圆形的细部。

4．电热丝锯

电热丝锯一般用来切割聚苯泡沫塑料、吹塑或者弯折塑料板等。一般是自制，它是由电源变压器、电热丝、电热丝支架、台板、刻度尺等组成。切割时打开电源、指示灯亮，电热丝发热，将欲切割的材料靠近电热丝并向前推进，材料即被迅速割开(图2.95)。

5．电动圆片齿轮锯割机

电动圆片齿轮锯割机一般是自制，适用于不同长度有机玻璃的切割。它是由工作台面、发动机、带轮、齿轮锯片、刻度尺和脚踏板组成。在切割

图2.95　电热丝锯切割

前，先让齿轮锯片空转，再将有机玻璃放置靠向齿轮锯片进行切割，因为这种工具比较危险，所以在工作之前，一定要穿好工作服和带好工作帽，不能戴手套。在切割时，一定要注意安全操作，最好自制辅助工具推送材料。

6．钢丝锯

钢丝锯有金属架和竹弓架两种，可以在各种板材上任意锯割弧形的工具。竹弓架的制作是选用厚度适中的竹板，在竹板的两端钉上小钉，然后将小钉弯折成小钩，再在一端装上松紧旋钮，将锯丝两头的眼挂在竹板的两端即可使用。使用时，首先将要锯割的材料上所画的弧线内侧用钻头钻出洞，再将锯丝的一头穿过洞去挂在另一端的小钉上，按照所画弧线内侧1mm左右进行锯割，锯割的方向是斜上(图2.96)。

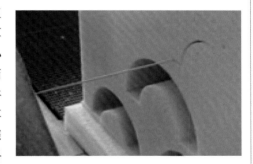

图2.96　钢丝锯切割

7. 钢锯

钢锯适于锯铜、铁、铝、薄木板及塑料板材等。锯材时起锯的好坏直接影响锯口的质量。为了锯口的平整和整齐，起锯时要握住锯柄的手指，挤住锯条的侧面，使锯条适中保持在正确的位置上，然后起锯。施力时要轻，往返的过程要短。起锯角度稍小于15°，然后逐渐将锯弓改至水平方向，快锯断时，用力要轻，以免伤到手臂。

8. 带锯

带锯是用来切割体积较大或用手工裁剪比较困难的模型材料，如做沙盘时，对于还没有裁开的木材就可以用带锯来切割。

上好锯条后，看锯条是否有前赶后错的现象。如果有，应按条的口松口紧来调整。如有裂口，接头地方超过锯身1/6，一般地方超过1/8不得使用。锯条上好后，打开开关，当锯条转起来后，要将切割的材料放在锯台上，用手握住要切割的材料的一头，沿着事先标画好的结构线，顺着带锯，慢慢往前送，速度不要太快。一般需要两个人配合锯切材料，一个作为上手，向前推；一个作为下手，配合上手，慢慢按住已锯开的材料。当锯到材料末端时，上手不要超过锯台边沿，以免伤到手，可另找一木棒来继续推进材料。

9. 钻床

钻床是用来给模型打孔的设备。钻孔时，主要是依靠钻头与工件之间的相对运动来完成这个钻孔加工过程的。在具体的钻孔过程中，只有钻头在旋转，而被钻物是静止不动的。

钻床分台式钻床和立式钻床两种。台式钻床是一种可放在工作台上操作的小型钻床。小巧、灵活、使用方便，是模型加工制作过程中常用的工具；立式钻床可根据需要加工各种规格的钻孔，常见的钻孔直径规格有25mm、35mm、40mm、50mm等。钻孔时，应根据不同的材质，来选择切割的速度和进给量。钻硬材质时，切削速度要慢一些，进给量要小一些；钻软材料时，切削速度可以快一些，进给量可以大一些。用大钻头时，切削速度要慢一些，进给量大一些；用小钻头时正好相反。

2.3.2　粘接剂的使用

在模型制作过程中，粘接是最基本的步骤之一，粘接既是制作步骤，也是所需材料。针对不同的材料，适当的选取粘接媒介，即通常所说的粘接剂，能够有效地保证模型制作速度和模型的整体牢固性。

粘接剂是指同质或异质物体表面用粘接连接在一起的技术，具有应力分布连续、重量轻、密封、工艺温度低等特点。粘接特别适用于不同材质、不同厚度、超薄规格和复杂构件的连接。粘接剂常可分为以下几类：按应用方法可分为热固型、热熔型、室温固化型、压敏型等；按应用对象分为结构型、非构型或特种胶；按形态可分为水溶型、水乳型、溶剂型以及各种固态型等；合成化学工作者常喜欢将胶粘剂按粘料的化学成分来分类。

为了确保模型质量，了解粘接剂及其与所粘材料的性质是非常重要的。在实际操作时，要周密全面地考虑粘接强度和粘接效果(包括张拉、剪切、剥落、弯曲、冲击等)；粘接后所经受的条件作用(温度、水、油、光等);被粘物的形状、大小、粘接方式、操作特性、对比效果等方面的问题,然后,采用最适宜的方法和材料。这是使用粘接剂之前应充分考虑的事项(表2.1)。

表2.1　各粘接剂属性和用途

粘接剂	属　性	用　途
万能胶 (UHU)	是一种人工树脂的挥发性粘接剂,它是透明的、黏稠的,涂在材料上时可拉成丝状,会与一些塑料发生化学反应(如聚苯乙烯泡沫),溶解在它们的表面。通常在几分钟内能够干燥。有轻微的刺鼻性气味,不容易老化	适用于不同的材料(如卡纸板、木材、塑料、金属、玻璃、织物等)。它可将相同的或不同的材料的组成部分粘接在一起。这种胶水因为它的高度适应性,在模型制作过程中几乎可以应付全部粘接工作
白乳胶	是一种白色的、黏稠的粘接剂,它通过吸收所要粘接材料中的水分来干燥。透明,干燥速度慢,这就意味着在涂完白乳胶后的一定时间内被粘接物的表面是可以移动的。通常在上胶后24h后可完全干燥达到粘接效果	木材、木质材料、卡纸板、纸板等最理想的粘接剂(也可用于泡沫板的粘接)。粘接部分必须压实在一起以保证有效的粘接。胶水当中的大量水分有可能改变材料的原有形状,或者导致卡板纸弯曲,使用过程中务必要注意定型工作。不适用于塑料、金属等不吸水材料的粘接
接触型粘接剂	用于粘接材料的较大表面。这种胶水要在需要粘接的两部分都进行涂抹,它是与自己粘接在一起的。涂抹完胶水以后,需要粘接的两部分在粘接在一起之前需要干燥几分钟,并且一定要用力压紧。接触型胶粘剂仅能在通风良好的空间中使用	在有高差地貌的模型中,黏接材料的较大表面(如卡纸板)的理念粘接剂。因为胶水要在需要粘接的两部分都进行涂抹,而且空间 必须通风良好,因而这是一种耗费时间的方法,但它的优点是不会使材料变形。可以用于木材、卡纸板、大量的塑料、金属与陶瓷
塑料粘接剂	一种胶水,通常是含有溶剂成分的透明胶水。是专门为塑料设计的,单面涂抹的胶水。要趁胶水未干的时候,尽快将需要粘接的部分粘接在一起,材料的表面一定不能有灰尘	适用于多种热塑性塑料,包括聚苯乙烯、PVC与有机玻璃,但不可用于聚乙烯或聚丙烯塑料。可用于粘接木材与卡纸板,而且对于塑料来说比万能胶的效果要好
热熔胶	热熔胶是一种可塑性的粘接剂,在一定温度范围内其物理状态随温度改变而改变,而化学特性不变,其无毒无味,属环保型化学产品。热熔胶粘合是利用热熔胶机通过热力把热熔胶熔解通过热熔胶机的热熔胶管和热熔胶枪,送到被粘合物表面,热熔胶冷却后即完成了粘合	粘接快,涂胶和粘接间隔不过数秒钟,锯头和切边可在24s内完成,不需要烘干时间,用途广,适合粘接各种材料。可以进行几次粘接,即涂在木材上热熔胶,因冷却固化而未达到要求时,可以重新加热进行二次粘接
溶剂胶类:氯仿(三氯甲烷)	无色透明重质液体,极易挥发,有特殊气味。 在光照下遇空气逐渐被氧化生成剧毒的光气,故需保存在密封的棕色瓶中。是一种理想的有机材料粘接剂,具有粘接牢固优点,作用原理是通过腐蚀有机物表面使之粘接在一起,达到粘接效果	作为一种新型粘接剂被广泛运用在建筑模型制作过程中,具有不留痕、速干等优点。常用于ABS板、塑料板等有机材料的粘接。使用过程中,常用注射器汲取,将针头折弯90°后进行局部滴洒式粘接,处理粘接面时稍施外力,数分钟后可达到粘接效果

（续表）

粘接剂	属 性	用 途
强力胶水（502）	透明，能够快速干燥的胶水，黏度很大且不易滴落。在涂抹后1~3min内能快速干燥，属脆性胶水，优点是能够用于多种材料的快速粘接，缺点是时间久后容易发脆而失去粘接效果	可用于同种材料和不同种材料之间的快速粘接，是一种理想的快速粘接剂，但使用过程中一定要注意做好防护措施，避免胶水接触到身体，尤其是眼部。涂抹完后，将粘接部分施加微力，等1~2min后即可快速定型
喷胶	无色，防紫外线，不含氯氟烃，通常装在压力式喷雾瓶中，经喷涂后不改变颜色。因其较低的含水量，不会渗入材料中。喷胶需在通风良好的条件下使用	是大面积粘接的理想粘接剂。使用时材料会有轻微的变形。常用于绿化部分的定型、植被的制作等，具有喷涂均匀、粘接面大的优点
橡胶胶水	一种弹性粘接剂，很容易除掉，而不留任何剩余物。如果在两部分都涂抹这种胶水，将会产生永久的粘接	用于很多种材料，包括卡纸、卡纸板与塑料。是工作模型的理想粘接剂
双面胶带	是液态粘接媒介的基本替代品，因其易操作、安全性高而得到广泛应用，包括类似的泡沫胶带等。本身双面具有黏性，从而使所粘接目标通过此介质达到一定的粘接效果	可用于局部或大面积粘接，对于大多数表面平整的材料适用。根据需要选择不同宽度的双面胶，可以节约时间。但限于粘接原理，不易做永久性粘接剂，适用时需施加外力使粘接材料间紧密接触从而达到最佳粘接效果

2.3.3　塑料类板材的加工方法

在现代建筑模型制作中，常用的塑料类板材通常为高分子有机合成塑料类，常见的有PVC、ABS、塑料板、胶合板、聚苯板、亚克力、有机玻璃等。这类材料大多数都是具有延展性的人工合成材料，这种材料与其他用于制作模型的材料配合起来使用时，能产生理想的效果，尤其是在表现门窗时，更有不可替代的作用。在具体表现上可以灵活地运用这些材料，体现一定特殊效果。

对塑料进行精确的加工，可以控制在1mm以内的精度，这在制作城市规划模型时是一个非常大的优势。另外，它还可以用来模仿透明构建，例如用薄的透明的PVC板可以模拟玻璃。基于塑料类板材的特性，根据不同的建筑设计需求，选取类似性能的板材，以便最逼真的表现建筑外观，获得最佳表现效果。

这类塑料板往往需要进行精细的加工，在烘软后可以根据需要弯曲成型，适合制作具有弯曲弧面的建筑模型部件，如天窗、弧形落地玻璃、遮阳雨篷等。在切割时主要有手工切割和机械切割两种。手工切割主要使用壁纸刀和钩刀进行操作，当钩划到2/3的深度时，将材料的切割缝对准工作台边掰断。其部件粘接也比较方便，可以用丙酮或氯仿溶剂，用502胶等速干粘接剂也可以。具体制作中，也可根据需要，用各种颜色的装饰纸进行贴面装饰(表2.2)。

表2.2 常用塑料类板材性能及加工方法

塑料类别	材料属性	用途	加工方法
聚苯乙烯(PS)：作为硬质塑料	抗震、硬质塑料。不光滑的、白色、不透明板材用于模型制作。聚苯乙烯不能防紫外线。材料厚度0.3~5.0mm	常用于模型制作的所有领域	很容易用裁纸刀切割，其表面容易抛光，并且非常容易削磨。可以用溶胶剂、特殊的聚苯乙烯胶水或接触型胶粘剂轻易地粘接在一起。易于涂刷涂料或清漆
聚苯乙烯硬质泡沫（如聚苯乙烯泡沫塑料)	一种多孔材料，制成板状或块状，不抗震。其表面受挤压很容易塌陷。市面上有多种颜色、规格的聚苯乙烯泡沫	常用于建筑与城市规划模型	非常容易用电热丝切割机切割，用裁纸刀切割或雕刻，也可被抛光和上色
聚丙烯(PP)	抗热、硬质、抗拉扯塑料。在模型制作中，这种材料通常以薄的、透明或不透明的箔片形式被使用的。它有着不能被划坏的表面，具有紫外线稳定性，可根据需求制造出不同厚度规格	作为一种半透明箔片，它非常适于模仿毛玻璃表面与灯光设计	很容易用裁纸刀切割。它可以被弯曲、折叠、挖槽、贴边、铸造以及打孔。在粘合之前必须进行预处理，比如使用聚合物的底漆
聚氯乙烯(PVC)	有透明的或不透明的，也有不同的材料厚度，常见的为白色类泡沫状板材，硬度居中	广泛地运用于建筑模型制作中，常用于内部支撑板	很容易用裁纸刀切割。它可以被钻、铣削、扭转，PVC塑料的表面可以用标准的塑料胶或者三氯甲烷等接触型粘接剂粘接在一起
聚碳酸酯(PC)	非常坚韧，耐冲击塑料，表面精致，透明或乳白色半透明塑料箔片	透明的箔片使用在模型中可以很好地模拟玻璃，它的表面与PVC塑料相比，通常要更加的精致和光滑	很容易用裁纸刀切割。厚板可以被刻画或折断。PC塑料的表面可以用溶剂胶或接触型粘接剂粘接在一起，并且没有残留物
亚克力玻璃(PMMA)	是一种开发较早的重要热塑性塑料，具有较好的透明性、化学稳定性和耐候性，外观优美，在建筑业中有着广泛的应用。有机玻璃产品通常可以分为浇注板、挤出板和模塑板	作为一种透明材料可以用于表现玻璃或水体，在室内设计、户型类建筑模型中，常用于外墙墙体的表现	必须采用专门的美工钩刀进行切割，切割前需画好线，用尺子压住再进行切割。切割前需用钩刀刀锋刮去表面薄膜再进行钩刀操作。也可在雕刻机上低转速进行切割
有机玻璃	一种类似亚克力的透明塑料类材料，具有高度透明性、机械强度高、重量轻、易于加工等特性。具有多种厚度规格，易于操作	常用于建筑模型中的玻璃表现，也可上色后用于墙体、内饰等其他对光度有要求的部分，用途广泛	薄的有机玻璃可以轻易用美工刀进行切割，超过1mm的板材需用美工钩刀进行切割。预热变形不具有恢复性，运用中要注意防止脆裂
丙烯腈-丁二烯-苯乙烯塑料(ABS)	具有良好的加工性能，可以使用注塑机、挤出机等塑料成型设备进行注塑、挤塑、吹塑、压延、层合、发泡、热成型，还可以焊接、涂覆、电镀和机械加工	高档建筑模型材料，常用于细节部位的表现，已经异形构建的制作，可弯制弧度	硬度较高，可用美工刀、美工钩刀进行切割，切割时要注意行刀速度不要过快，否则容易走偏，造成人员的受伤和材料的损坏

2.3.4 常见拼接方法及热弯技术的应用

1. 常见转角拼接方法

建筑模型主体制作过程，细化后其实就是材料的下料与拼接，在这中间，合理处理各材料板块的连接，是最常见也是最重要的步骤。合理的根据材料特性选取拼接方式，能够很好地弱化拼接缝隙，使建筑模型更加美观、细致，达到更好的表现效果。

常见的转角拼接方法主要有对接和45°角斜拼拼接，以及一些其他较为复杂的拼接方式。

1) 对接

对接又叫搭接，是板材类材料拼接过程中最常用、最简单的一种拼接方式。是将各部分端部的对接部接合固定起来，木工常指木纹相垂直或对边不重叠的并用箍(如铁条)加固的接合方法，也称"端接"(图2.97)。

对接适用于各种厚度的板材直角拼接处理，操作时为保证直角，常用直角台钳做辅助工具(图2.98)。在度量拼接材料时，由于板材自身厚度和拼接效果需要的影响，需根据实际情况减去搭接长度。

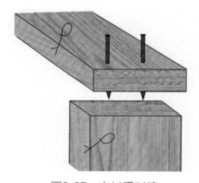

图2.97 木材质对接

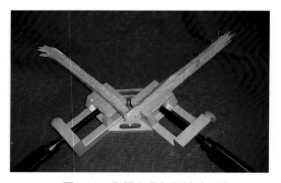

图2.98 利用直角台钳辅助对接

2) 45°角斜拼拼接

常用对接方法若处理不当或板材厚度较大时，会将拼接缝暴露在外，影响模型的美观，同时因板材自身厚度造成的不好控制板材长度度量，因此，在对美观度和精细程度要求较高时，常采用45°角斜拼拼接。即在A、B两待拼接板拼接处，用人工或专业切割设备沿边缘呈45°角进行切割，经打磨后拼接成一体，大最大限度地保证所连接处为直角，拼接后缝隙也较对接法要小。但此方法操作难度较大，需多次练习熟悉后方可采用(图2.99)。

图2.99 45°角斜拼拼接

3) 其他拼接方法

在模型制作过程中，对于一些大比例模型，实际中常用木工连接方法来操作，比如各种形式的榫接、木楔连接。

2. 有机板材异形加工的热弯

在建筑模型设计中，很多现代元素融入其中，涌现各种造型的新式建筑风格，这就对建筑模型的制作提出了更高的要求。由于建筑模型常用的板材不具备任意弯曲的特性，因此对于此类特殊造型要求的模型，往往需要采用热弯技术成型(图2.100)。

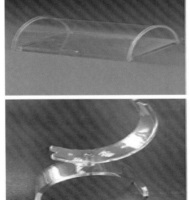

图2.100 有机板材热弯成型

建筑模型制作中，ABS是一种可受热变形且不易造成局部破坏的理想热弯材料，因此常被用于曲面等异形部位的制作。通过制模、热烘、定型等步骤，将ABS板材制作成理想的异形成材。

实践中常用用鼓风电热恒温干燥烘箱加工异形部件。鼓风电热恒温干燥烘箱的规格、型号和温度有很多种，一般常用的型号是SC101-2、温度在150～500℃可调。电源使用电压220V的交流电。工作室的尺寸是45cm×55cm。在用塑料制作建筑模型时经常要将材料弯成曲面形状。在使用时，将恒温干燥烘箱电源接通，打开开关，在根据不同塑料进行温度定位后，在将截好的塑料放进干燥烘箱，此时把保温门关紧，待塑料烘软后，将塑料放置在所需要弧形模具表面上碾压冷却定型。

在制作简单的弧形、曲线条等型材时，可将电吹风调制高温挡位对ABS材料直接进行烘热后冷却定型。

2.3.5 喷漆的使用及简单配色

色彩赋予了建筑模型神态，在建筑模型设计与制作过程中，模型上色是必不可少的步骤。现代建筑模型制作中，各种彩色板材的运用，一定程度上弱化了这一步骤，但是为达到最佳设计表现效果，往往还需要对建筑模型板块进行上色处理，以达到最理想的模拟效果。

实践中模型制作者最常用的上色工具为灌装自动喷漆(图2.101)和带气泵的专业喷笔。两者各有特点：灌装喷漆自20世纪90年代末发展以来，在各行各业得到了广泛运用，以其方便

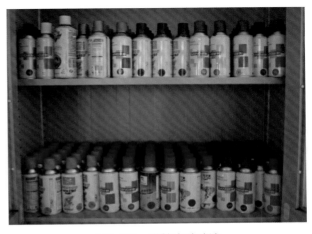

图2.101 灌装自动喷漆

性和可操作性著称，其喷涂均匀，易于存储，但色调有限，不易调色；带气泵模型喷笔作为模型制作者专业上色工具，其优势明显，但想要取得很好的效果，需要不断地练习。

　　灌装自动喷漆使用时，建议选择按0.8m²/200mL选取尺寸和数量，对于同样的颜色，最好选择同批次的产品，以免产生区域色差。喷涂以前建议选择类似产品进行模拟试验，以达到预期效果。使用前，均匀上下摇晃产品两分钟，利用内置玻璃球搅匀油漆和气体，以便得到最佳效果。距离喷涂表面25～35cm压下喷头，均匀移动喷漆罐，以达到一条喷漆带，上下喷涂，产生喷涂面，切忌在一个点连续喷涂，将造成倒流(流泪)现象。使用完毕后，若罐内有剩余，必须进行倒喷，即罐体倒置按喷2～5下喷头，以利用气体清洗管道内剩余气体，否则该产品在1h后堵罐而报废。

本 章 小 结

　　材料是建筑模型构成的一个重要因素，决定了建筑模型的表面形态和立体形态。现代建筑模型的制作材料大致可分为纸板、木材、泡沫塑料、氯乙烯、丙烯、塑料类(PVC板)以及金属、黏土、石膏、玻璃、涂料(着色剂)等。按照制作的主次分为主体材料、粘接剂和装饰材料三大类。

　　工欲善其事，必先利其器。工具对模型制作的作用至关重要。常用的模型手工制作工具有测量、绘图、裁切、打磨等；电动工具主要是切钻和打磨；雕刻机则可以集绘图和裁切于一体，裁切后按照图纸进行粘接组装即可。

　　工具的使用和常用材料的加工方法是模型制作方法的关键。主要工具的使用介绍了切割工具的使用和胶粘剂的使用，材料的加工方法介绍了塑料类板材的加工处理、拼接方法与热弯技术的应用、喷漆的使用及简单配色。

思 考 题

　　1．收集生活中的各种废弃材料，如包装纸、泡沫板、细铁丝等，思考如何变废为宝，利用其作为建筑模型材料。

　　2．以某种材料为对象，如包装纸，使用美工刀、UHU胶进行裁切和粘接实验。

　　3．将不同材料进行相同加工方法实验，分析其性能。

第3章 建筑模型设计

本章提要

探讨建筑模型制作的前期构思和后期处理问题，从项目确定、设计构思、制作方法和材料的选取、模型设计图纸绘制和后期拍摄与表现方面进行阐述。

建筑模型制作前需要进行的设计主要包括建筑设计和模型设计两个层面。前者是对建筑形体、结构、风格、环境等要素的创意构思，是形体结构从无到有的创造过程，需要设计师多方考虑，并征求甲方单位、业主的意见后进行修改。后者是对模型的设计，在已经确定的建筑方案设计基础之上，对尺寸、比例、材料、工艺进行重新定制，为模型制作提供全面参照(图3.1)。建筑设计是模型设计的重要依据，而模型设计是建筑设计的微观表现。

初学建筑模型可以参考现有的建筑实体，经考察、测量后，将获取的数据重新整合，绘制成图纸，再运用到模型设计中。高端商业模型则直接依照建筑设计方案图进行加工。两者的依据虽然不同，但是对建筑模型设计的要求和目的却完全一致。

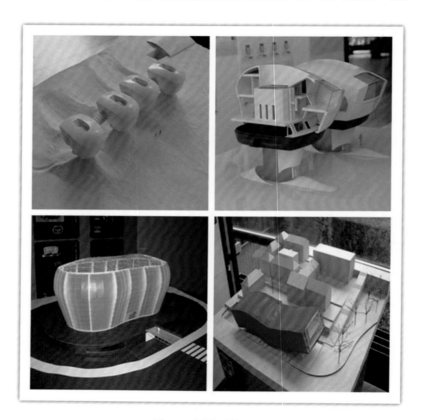

图3.1　概念建筑模型

3.1　建筑模型的项目确定

建筑模型的项目确定主要是确定做什么和给谁做。对于专业的模型制作公司，其项目主要来源于建筑开发单位、其他企事业单位或业主的委托，也有部分大型模型(图3.2)通过招投标的方式获得，这些统称合同项目。在教学中进行的模型制作，相当一部分是老师根据教学需要自选的项目，也有少部分是受甲方委托的小型合同项目。

图3.2　地产沙盘模型

3.1.1　合同项目

在建筑行业中，某一建筑建成前的设计审定和建成后的展示及纪念收藏等，都需要模型，于是建筑开发单位或建筑业主就会根据具体用途，通过委托或招标的方式制作该建筑的模型。无论哪种形式的合同制作业务，都要有建筑模型的平面图、立面图和剖面图(图3.3)。若建筑物已建成，图纸缺失，建筑模型制作的设计者可以用测量建筑物或参阅建筑图片的方法来取得建筑图纸，当然还可以对建筑物进行实地拍摄，通过推算画出建筑模型的平面图和立面图。

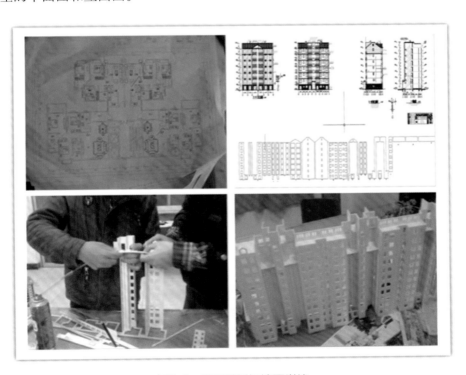

图3.3　模型图纸与墙面拼接

3.1.2 自选项目

常见的自选项目是依据建筑物建成前或建成后的图纸来制作的建筑模型，有助于建筑设计的深入构思。

依据建筑图纸作为模型制作训练，首先要确定建筑的功能、形态、结构、材料，熟悉其功能与形态、功能与结构、功能与材料和建筑与环境的关系等，此外，还要校正平面图和立面图的尺寸(图3.4)。

模型制作有助于建筑设计的深入构思。建筑设计的构思是指产生、推敲、完善等创造性设计思维的全过程。通过建筑设计制作建筑模型，有助于原始设计构思的推敲和修改，使各种有关的设计因素，如功能与形态的关系、整体与局部的关系和整体与环境的关系以及单元组合方法，高与宽、材料与色彩的关系等，能够得到更加合理的安排。

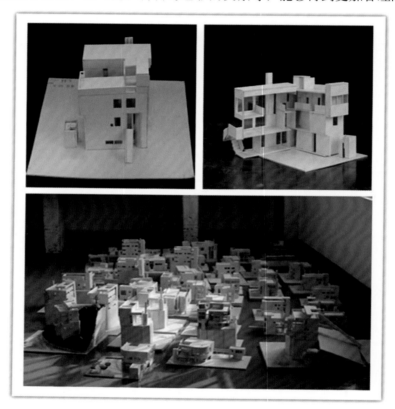

图3.4 白色派建筑模型

3.1.3 建筑模型项目流程

1．制作前期策划

根据甲方提供的平面图、立面图、效果图及模型要求，制定模型制作风格。

2．模型报价预算

预算员根据制作前期策划、模型比例大小、材料工艺及图纸深度确定模型收费、签订制作服务订单。

3．制作组织会审

技术人员将核对分析图纸，确定模型材质、处理工艺、制作工期及效果要求。

1) 建筑制作进程

建筑制作师根据甲方提供的图纸施工制作，效果以真实、美观为原则。所有建筑均采用AutoCAD绘图，电脑雕刻机切割细部、建筑技师手工粘接的流水线作业法，这样既保证了各部件的质量，又保证了工期(图3.5)。

2) 环境景观设计制作进程

总体环境将由专业景观设计师进行把控，由专业制作人员结合图纸进行设计制作。根据甲方的设计图纸再现设计师的设计意图，切不可胡乱操作，自由发挥。此外，可以使用仿真树木、小品、雕塑等进行点缀，使整个景观部分更加美观精致。

3) 建筑环境灯光组装

灯光系统要根据甲方要求进行设计制作，并体现沙盘的夜景效果。

4．制作完工检验

质检部经理及项目负责人对照图纸进行细部检查和调整。

5．模型安装调试

模型服务人员在模型展示地现场调试安装，达到甲方满意后离开。

图3.5　雕刻机下料

3.2　建筑模型的设计构思

建筑模型设计要求一般由建筑模型的管理者和使用者根据建筑模型的具体应用而提出。在商业模型中，设计要求来自于地产商和投资业主，他们会根据多年积累的业务经验和市场状况设定，一般会追求良好的展示效果、高效的制作效率和低廉的价格。

建筑模型制作的设计构思就是为了满足其用途，主要包括比例的构思、形体的构思、材料的构思以及色彩与表面处理的构思。

3.2.1 模型比例的构思

模型比例是指建筑与环境实景和模型这两个同类尺度数的相互比较。模型的比例涉及它的面积、精度、经济等综合问题，很难对其提出统一的要求。比例往往根据建筑模型的用途以及建筑模型的面积来确定。模型尺度数与实景尺度数比例关系一般是1:50、1:200、1:1000等。

1. 常用建筑模型比例

一个单体建筑或规模不大的群体组合建筑，通常选择较大的比例尺，如1:50、1:100、1:200等，有一些局部构件的模型比例尺会按照1:20、1:10甚至等样比例。一般来说，一些大规模的建筑组合群，如小区规划、区域规划，则会选用1:1000、1:2000、1:3000等较小的比例；群体型的小区模型，宜用1:250至1:750的比例；单体型的建筑模型，宜用1:100至1:200的比例。别墅型的小建筑模型，宜用1:50至1:75的比例；室内型的剖面内构模型，宜用1:20至1:45的比例。

2. 比例与模型绿化的关系

在设计制作大比例单体或群体建筑模型绿化时，对于绿化的表现形式要考虑尽量做到简洁、示意明确。切忌求新求异，不要喧宾夺主。树的色彩选择要稳重，树种的形体塑造应随其建筑主体的体量、模型的比例与制作深度进行刻画。

在设计制作大比例别墅模型绿化时，表现形式就可以考虑做得新颖、活泼，要给人一种温馨的感觉，塑造一种家园的氛围。树的色彩则可以明快些，但一定要掌握尺度，如果色彩过于明快则会产生一种漂浮感。树种的形体塑造要有变化，要做到高低有致、详略得当。

在设计制作小比例规划模型绿化时，表现形式和侧重点应放在整体感觉上。因为作为此类建筑模型的建筑主体由于比例尺度小，一般是用体块形式来表现，其制作深度远远低于单体展示类模型的制作深度，所以在设计制作此类建筑模型绿化时，主要将行道树与组团、绿地区分开。房间绿化应简化，如果过于刻画，则会产生空间拥塞感。在选择色彩时，行道树的色彩可以比绿地的基色深或浅，但要与绿地基色形成一定反差。这样处理，才能通过行道树的排列，把路网明显地镶嵌出来。作为集中绿地、组团绿地，除了表现形式与行道树不同外，色彩上也应有一定的反差。这样表现能使绿化具有一定的层次感。

3.2.2 形体空间的构思

在进行每一组建筑模型主体设计时，最主要的是把握整体的关系。所谓把握整体的关系，就是根据模型设计的风格、形式、造型等(图3.6)，从宏观上把握建筑模型主体的制作材料、制作工艺及设计深度等因素。在众多因素中，建筑形体空间的构思是建筑设计成型的基础。

图3.6　注重形体空间的建筑模型

　　简洁的建筑形体空间，可以由不同的几何形体叠加组成(图3.7)。常见的几何形体有矩形、圆形、拱形、三角形等，这些最基本的建筑形体，通过一定的设计元素叠加、联系起来，就成了建筑的最基本形体。很多著名的建筑，如流水别墅、美国国家美术馆东馆等，都体现了典型形体空间的构思。

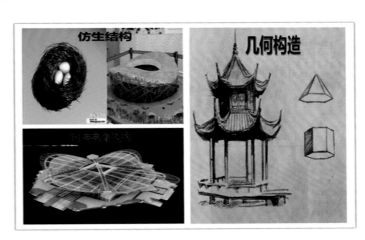

图3.7　建筑几何形体构造

　　作为每一组建筑模型主体，从整体上都存在着一定的个体差异性，这种个体差异性制约着建筑模型制作工艺和材料的选定。因此，在进行建筑模型主体制作设计时一定要结合局部的个体差异进行综合考虑。

　　1．模型的造型之美

　　建筑与环境艺术模型所展示的是设计方案的形态之美。模型对建筑与环境形态的表现可能出现各种不同的形态，这种情况往往与模型制作者所选择的表现角度、制作比例和加工精度有关。模型表现的形态包括建筑的外貌和形态，同时也包括室内外的空间关系。模型所展示的形态美是建筑与环境设计的综合体现。它应透过模型反映出建筑的构造和整体形态，这对我们利用模型进行结构分析起到了极大的帮助作用，同时也是设计造型美的一种展示。图3.8体现的是弧形的建筑结构，独特的造型变化是这个模型的特点所在，层次渐变的弧线体现出建筑的轻盈构造。图3.9是公园的休息亭设计方案，宛如叶状的顶棚造型与树干的支架结构巧妙地结合在一起，造型生动而独特。模型的造型结构之美依赖于富有创意的设计方案，巧妙而合理的制作工艺则会使其造型锦上添花。

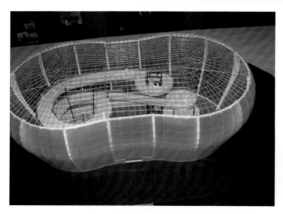

图3.8　复杂的曲面模型　　　　　　　图3.9　公园休息亭实体建筑

2．模型的空间之美

　　模型是通过三维立体空间对设计方案进行展示，这也是它与建筑和效果图之间的最大区别，模型呈现的是三维立体空间，而效果图则属于二维平面效果，模型比效果图更具有深入的表现力。在模型表现中，空间与建筑形体之间的关系非常密切，空间的形态往往决定了建筑的气质。例如一个城市规划的模型，规划区域的高低起伏变化，建筑群体积的大小变化，建筑群与道路之间的比例关系，这些势必对空间产生直接的影响。怎样才能使建筑物与空间环境构成良好的平衡效果，使整体规划模型显得和谐，这其中很重要的办法就是做好空间调整。图3.10所展示的是一组建筑的设计方案。建筑的结构层次变化丰富，实体墙与线状框架相结合，显得错落有致。光影作为虚空间的媒介大大丰富了建筑的空间结构，使其在统一中富于变化。

图3.10　城市规划模型

3.2.3　表现精度的构思

精度是指模型制作的精细程度。不同比例的建筑模型应该有不同的精度要求，不同精度的模型也应有相应比例的表现。在建筑模型制作中，要求所制作的建筑门窗、阳台、建筑装饰、墙面、天台、地面、家具等细部(图3.11)，以及周边环境的布置等表现的尺寸和细节达到准确的程度，而容许表现细节误差的大小是确定模型精度的标准。容许误差大的则精度低，容许误差小的则精度高。

图3.11　户型模型细节处理

在模型制作过程中能达到怎样的精细程度呢？原则上说，唯一的限制是工艺上的可行性，或者在给定的条件下所能够达到的程度。如果一扇窗户在选定的比例上太小，以至于不能用刀具切割出来，那么就省略它。

抽象程度较高的模型倾向于表达原则与理念，并会在以后的阶段充实细节，模型仍然是概念性的。建筑师通常喜欢各种极少主义的表达方式，这样就可以摆脱任何限制去想象，并且可以对随后出现的建筑进行各种阐释。

在模型制作的过程中使用树、人、车或者其他的配景，也必须与抽象的程度结合起来一并考虑。如果模型描述的不仅仅是建筑与基地，还包括人们在日常生活中所熟悉的元素，如车、树、植物与人，那么通常会更加容易地向非专业观众表达具体的设计理念。

制作精度较高的模型要求准确体现出楼板的厚度、墙体的转折变化、台阶的尺寸以及窗户和栏杆的分割，这些细节都反映出设计的深化程度。这些都是纯手工制作的模型完全可以做到的。但是形体复杂或工作量大的模型则需要使用雕刻机。雕刻机的制作非常精确到位，较好地烘托出模型所展示的商业气氛。同时配合灯光的照明，使模型富有丰富的层次变化。

高精度的模型不仅要表现建筑与环境的细部，还要体现工艺的规整性。规整的模型要有规整的表面。建筑的表面相当于人的皮肤，其粗细、光洁、整齐、装饰都是体现建筑美的内容。因此，成功的模型师一方面要专心致志地制作建筑的表面，另一方面又要挖空心思寻找合适的材料，为建筑物的表面进行装饰设计，用新材料模仿建筑物表面，常常是模型设计制作的创意之举。

规整的模型必有规整的收口和棱角。建筑物各个面的相交处都会形成收口和棱角，在概念上，收口和棱角是点或线，向内凹或向外凸，它在表现建筑形体关系中具有重要的作用。棱角关系在模型中处理得规整，会产生简洁、鲜明、利落和精致的美感；反之，粗制滥造的收口和棱角，会使建筑变得粗笨、沉重。木条材质制作的结构模型可以体现出良好的空间秩序(图3.12)。制作严谨规范、处理干净利落的模型可以体现节奏韵律之美(图3.13)。

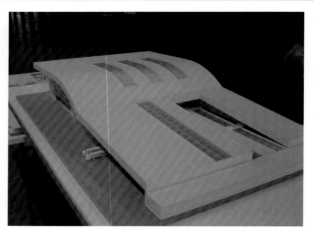

图3.12　木材质结构模型　　　　　　　图3.13　制作精细的模型表现出韵律美

3.2.4　材料表现的构思

随着科技的进步和材料工艺学的发展，可供建筑模型表现选择的材料是过去任何时代都无法比拟的。新型材料的使用使模型的仿真性更强，视觉效果更为逼真。例如，铝塑板原本用于室内装饰的材料可用于室内外环境模型的制作中，还可以仿真做出各种花岗岩铺地的效果。又如各种即时贴的出现，原本是用于展示设计的材料，还可以做出铝合金门窗框架和不锈钢雕塑的效果。模型材料的综合开发利用，不仅发掘了材料的多种用途，还创造出各种不同的质地美感，使模型的制作材料呈现出"一材多用""低材高用""碎材巧用"的效果。同时，大量新材料的应用，也使得模型制作的趣味性更强，这样的方式大大增强了模型制作环境的体验性。

如果说对比是建筑理念的一部分的话，它通常会在模型中体现出来。然而如果将不同的材料组合在一起，则必须关注于什么是绝对必要的，以避免模型最终成为一个材料的大杂烩。

在选择建筑模型材料时，一般根据建筑主体的风格、形式和造型进行选择。

在制作古建筑模型时，一般采用本质(航模板)为主体材料。用这种材料制作古建筑模型，具有同质同构的效果。

图3.14　不同材料制作的单人居室模型

在制作现代建筑模型时，一般采用硬质塑料类材料，如有机玻璃板、ABS板、卡纸板等。这些材料质地硬而挺括，可塑性和着色性强，经过加工制作，可以达到极高的仿真程度，特别适合现代建筑的表现。

另外，在选择制作建筑模型材料时，还要参考建筑模型的比例和模型细部的表现深度等因素进行选择。材料质地密度越大、越硬，越有利于建筑模型细部的表现(图3.14)。

3.2.5　色彩美感的构思

建筑模型的色彩与实体建筑色彩不同。就其表现形式而言，建筑模型的色彩表现形式有两种：一种是利用建筑模型材料自身的色彩，这种表现形式体现的是一种自然美；另一种是利用各种涂料进行表层喷涂，产生色彩效果，这种表现形式体现的是一种外在的形式美。在当今的建筑模型制作中，较多地采用了后一种形式进行色彩的处理。

在利用各种涂料进行建筑模型色彩处理时，一定要根据表现对象及所要采用的色彩种类、色相、明度等进行设计制作(图3.15)。

在进行设计制作时，首先应特别注意色彩的整体效果。因为建筑模型是在楹尺间反映个体或群体建筑全貌，每一种色彩都同时映射在观者眼中，产生综合的视觉感受，哪怕是再小的一块色彩，若处理不当，都会影响整体的色彩效果。因此，在建筑模型的色彩设计与使用时，应特别注意色彩的整体效果。

其次，建筑模型的色彩具有较强的装饰性。建筑模型就其本质而言，它是微缩后的建筑物，因而作为色彩也应做相应的变化。如果建筑模型的色彩一味地追求实体建筑与材料的色彩，那么呈现在观者眼中的建筑模型色彩感觉会很乱。

图3.15　不同颜色PVC板的音乐家之家模型

此外，还应注意建筑模型色彩的多变性。多变性是指由于建筑模型材质的不同、加工技巧不同、色彩种类与物理特性不同，同样的色彩所呈现的效果就不同。如纸、木质材料等材料质地疏松，具有较强的吸附性，着色后色彩无光，明度降低；而有机玻璃板和ABS板，质地密且吸附性弱，着色后色彩感觉明快，这种现象的产生就是由于材质不同而造成的。又如，在众多的色彩中，蓝色、绿色等明度较低，属于冷色调的色彩，在作为建筑模型表层色彩处理时，会给人的视觉造成体量收缩的感觉；红色、黄色等明度较高，属于暖色调的色彩，在作为建筑模型表层色彩处理时，会给人的视觉造成体量膨胀的感觉。当两种色彩加入不同量的白色时，膨胀与收缩也随之发生变化。这种色彩的视觉效果，是由于色彩物理特性而产生的。又如在设计使用色彩时，通过不同色彩的搭配和喷色技法的处理，色彩还可以体现不同的材质感。通常见到的石材效果，就是利用色彩的物理特性，通过色彩的搭配及喷色技法处理而产生的。

总之，建筑模型色彩的多变性，既给建筑模型色彩的表现与运用提供了空间，同时，它又制约了建筑模型色彩的表现。因此，在设计建筑模型的色彩时，应着重考虑色彩的多变性(图3.16)。

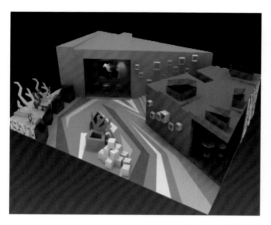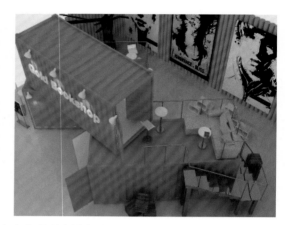

图3.16　模型设计方案之色彩应用表现

建筑模型主体的色彩与建筑的性质有关。常规设计中住宅为暖色调较多，公共建筑为冷色调较多；活泼性质偏暖色调，庄重性质为中性或偏冷。例如，综合医院的设计，建筑以乳白色墙面为主调，用深绿色绒纸作绿化草坪，点缀黄绿色的树木，形成接近实际效果的色彩环境，气氛宁静清新又赋生机，充分表现出医院设计中环境心理的构思主题(图3.17)；别墅模型，要表现出柔和的适宜居住的色调，周围配景的色彩也较为统一(图3.18)；商业建筑模型，属于公共建筑，采用灰色调为主色，整体色调偏冷。

图3.17　医院建筑模型色彩处理　　　　　　　图3.18　住宅模型色彩处理

大部分建筑设计者确定了建筑物的色彩，除了重点设计的广场、铺地外，底盘上的道路、绿化、配景的色彩由模型制作者自己设计。地面环境是为了突出建筑主体，在纯度上要比建筑物弱，浅色的建筑物选用深色的硬地；较深色的建筑物有时不可以用更深颜色的地面，以避免整体的灰暗，这时可用浅色的地面。浅色建筑为主体，可选用深色铺地为衬托模型，这样的色彩搭配显现出方案的素净和沉稳。以浅色单一颜色地幔衬托出具有鲜亮颜色的主体建筑物的模型，此类模型具有强烈的视觉引导性，能够在第一时间将观者的注意力吸引到设计重点——建筑上。

在建筑与地面间要有介于两者之间的中间明度色过渡，这些颜色用于紧贴建筑底部的构件上，如花坛、踏步等。按一般做法，道路比硬地颜色深，而这两种颜色为同一色相或相近明度，硬地的颜色深度应选比屋顶颜色略深的相同色，这样做可取得与主体的呼应，使整体和谐统一，且加重底盘的稳定感；如果有时要加强地面的层次感，可在同一明度里做色相的区分，如暖灰色硬地、深蓝灰色道路。人、车等配景的颜色在大比例模型上因数量少可适当丰富，选用一些纯度比较高的颜色；在小比例模型上如果数量多，颜色需减少，或选用纯度低的颜色。绿化颜色的选用在明度上要比地面高，才能突出地面，产生一种向上的印象。任何颜色的搭配都不是固定的，它们随着建筑物的颜色、底盘的大小而变化，需要在制作过程中不断尝试。

3.3 建筑模型制作方法与材料的选取

3.3.1 建筑模型制作方法

建筑模型制作要求精致、严谨，裁切材料时精度要高，拼装组合时紧密严实，目前主要分为以下三种制作形式。

1. 纯手工制作

纯手工制作是建筑模型最原始的制作方法(图3.19)，能够极力发挥设计者的创意，多种材料综合加工，在概念模型和研究模型中常使用。手工制作的工具比较简单，主要有裁纸刀、剪刀、胶水、三角尺等。凭借着剪切、粘贴、固定、涂装等工艺，能满足大多数条件下的制作要求。手工制作的模型形式多样，然而精确度不高，制作手法因人而异，但形体复杂或规模大型的建筑模型往往需要机械加工。

图3.19 手工制作模型

2. 机械加工

机械加工时采用切割、整形机械对特定模型材料进行加工，模型精度大，工作效率高。但一块板材经机械加工后，边角余料基本失去了再利用的价值，制作成本较高。此外，机械加工只限定采用与机械工具相搭配的特殊板材，这样会造成模型形式单一，如果要添加装饰，还要通过手工制作来弥补。

3．计算机辅助制作

计算机辅助制作的核心是计算机数值控制(简称数控)。数控的特征是由编码在穿孔纸带上的程序指令来控制机床。雕刻机机床能从刀库中自动选择刀具和转换工作，能连续完成钻、绞、攻丝等多道工序，这些都是通过程序指令控制运作的，只要改变程序指令就可以改变加工过程。

目前，在建筑模型制作领域，正开始推广计算机辅助制作。首先通过计算机绘制线性图，绘制的同时并指定尺寸，然后将图形框架传输给数控雕刻机或裁切机，让其自动切割出模型板件，最后将板件进行简单装配即可，高档智能计算机辅助制作还能自动装配，最终提出模型成品。计算机辅助制作与普通机械加工不同，它采用全电脑控制，在雕刻和裁切过程中，制作者不必接触板材和刀具，大幅度提高了安全性与准确性。

3.3.2　模型材料的选取

建筑模型的制作材料非常丰富，要根据设计要求和投资状况综合考虑。在没有特殊要求的情况下，一般可作1:3:6划分，即将全部模型材料按数量、种类平分成10份，10%的精品材料用于点缀局部细节，如建筑门窗、路灯围栏、人物车辆等成品物件；30%的中档材料用于表现模型主立面外观，如装饰墙板、屋顶、台阶、草地、树木等半成品物件；60%的普通材料用于模型内部构造和连接材料，如墙体框架、地基板材、胶水、油漆颜料等。

当选定了模型使用木材、卡板纸、金属或是塑料进行加工以后，必须确定总共需要多少种不同的材料。一般来说，如果可以用不同的方法来修饰的话，一种材料就足够了。木质模型通常要求只选用一种木材。具有统一材质与色彩的表面的优点在于被表现的空间仍然是焦点，而不会被材料或模型本身夺去注意力。制作一个单色模型是常用的手法。建筑竞赛中的多数模型被制作成"白色模型"，以石膏或聚苯乙烯塑料为材料，其目的是将观者的全部视线引向建筑或城市设计本身。然而如果要区分不同的元素与组成部分，可以使用涂料或清漆等。

在经济条件允许的情况下，可以适度采用成品件，这样可以大幅度提高工作效率，但是不要过分依赖成品件，它们受制于设计风格和比例，比如并不是所有风格的沙发和所有比例的车辆都能买的。在概念模型中，大多数配饰品仍然需要独立制作。如果建筑模型的投资成本有限，也可以扬长避短，收集废旧板材用于基层制作，表面材料可以灵活选配。例如，砖块纹理墙板可以使用不干胶贴纸替代，纸板之间的粘贴可以使用双面胶或白乳胶，而不一定全部使用模型胶等。

建筑模型最终还是由材料拼装而成，尤其是商业展示模型，材料的种类一定要丰富，不能局限于KT板、纸板、贴纸、胶水几种万能原料，在必要的时候可以增加几种不同肌理质感的PVC板和有机玻璃板。通过不同材料相互穿插搭配，达到丰富、华丽的装饰效果。

3.4　建筑模型设计图纸绘制

模型制作的精细与准确，离不开详尽的模型图纸。绘图是建筑模型设计的最后环节，图纸对于团队工作尤其重要，它是设计师与制作员之间的沟通工具，也是提高建筑模型质量的重要保证。建筑模型制图不同于建筑制图，在制图形式、比例标注、外观效果上具有自身特点。

3.4.1　制图形式

模型设计图纸依然按照《建筑制图统一标准》(GB 50104—2010)来执行。由于模型设计比建筑方案设计简单，一般只绘制模型的各立面图，只有内饰模型与解构模型须增加内部平、立、剖面图。大多数原创设计师并不参与模型制作，因此，还要绘制透视图或轴测图来向其他制作员讲解形体构造。此外，建筑模型的制图形式不能局限于普通AutoCAD绘制的线型图，还应增加色彩与材质，以获得最直观的表现效果。

3.4.2　比例标注

模型表现与制作的依据是设计构思和设计图纸。比例尺的选择决定了模型细节的表现程度。建筑模型一般都要按比例缩放，在尺寸标注上要注意与模型实物相对应。为了方便制作，标注时要同时指定模型与实物两种尺寸，图纸幅面可以适度增加，如果条件允许还可以按1:1等样制图，这样能减少数据换算，提高工作效率。同样，在材料与构造的标注上，也应作双重说明，即表明模型与实物两种用材的名称，制作者才能不断地比较、修改，以获得最佳制作效果。

3.4.3　图幅内容

建筑模型设计图纸必须详细，其内容的完善程度并不亚于建筑设计方案图，主要包括创意草图和施工图两部分。

1．创意草图

创意草图是创作的灵魂，任何设计师都要依靠创意草图来激发创作灵感。自主创意的建筑模型必须绘制详细的创意草图，在线条和笔画中不断演进变化。草图可以很随意，但不代表胡乱涂画，每次落笔都要对创意设计起到实质性作用。

草图的表现形式因人而异，最初可以使用绘图铅笔或速写钢笔初作构思，不断增加设计元素，减少繁琐构造，所取得的每一次进展都要重新抄绘一遍，抄绘是确立形体的重要步骤。确定形体后可以使用硫酸纸复制一遍，并涂上简单的光影关系或色彩，使之能用于设计师之间交流。待修改后可以采用计算机草图绘制软件来完善，并逐步加入尺寸、比例、材料标注等。

2．施工图

建筑模型施工图主要用来指导模型的加工制作，在创意草图的基础上加以细化，主要明确模型各部位的尺寸、比例，图面上还须标注使用材料和拼装工艺。要求精确定位，严谨制图，保证建筑模型的最终效果(图3.20)。

传统的施工图是采用绘图工具手工绘制，消耗大量的时间。AutoCAD软件的出现使

图3.20　按照图纸完成的沙盘模型

制图效率大幅度提高，并逐渐取代了传统制图。AutoCAD的一大优势是可以将绘制出来的矢量图转换到数控机床中切割，生产出建筑模型的拼装板材，这又进一步提高了模型的制作效率，在质量上也得到了提升。

一套完整的建筑模型设计图应包括：总平面图(绿化布置图)、各建筑立面图、建筑各层平面图、效果图(附色卡或甲方现场定色)、剖面图、装饰大样详图。

3.4.4　外观效果

模型制图最终用于加工制作，在形体构造复杂的情况下也需要绘制透视效果图或轴测图。不同的材质有不同的开料工艺，层面排列的框架，适用于有机玻璃等厚质与硬材质的制作；连续折面立体的框架适用于纸张、胶片等薄质与软质材料的制作；连续曲面立体的框架要注意选材及圆弧切断部分的工艺处理。然而模型效果图不同于建筑方案表现效果图，在形体结构、色彩材质、周边配景、视角点等要素上力求客观，不用渲染细腻的光影关系和复杂的环境氛围，此外，可以选用更方便、更快捷的制图软件来完成，使模型设计能随时修改。

3.5　建筑模型拍摄与表现

在建筑模型做好之后，由于空间限制，我们往往需要数码保存，因此，建筑模型拍摄也是设计的一部分。模型以甲方定做或设计方作为投送标、报批之用为主，制作者无法保存自己的作品，所以模型拍摄也是模型制作者保留作品的常用方法，也是自己业务档案的重要组成部分。模型拍摄的作用：前期作为资料，为模型制作的依据；后期是模型制作者保留自己作品和保存设计方案的一种方法。

3.5.1　拍摄器材

在数码摄影极其普及的今天，一台数码小DC(家用数码相机，不可换镜头)也能拍模型，现在的DC相机很多拥有一些准专业的功能，个头小本领大，如变换焦距、微距摄影、白平衡调整、手动曝光、外接闪光灯等这些功能就可以完成大多数的拍摄任务(图3.21)。

图3.21　普通数码相机

当然，为了更好地获得拍摄效果，主流的单反相机(图3.22)还是首选。模型拍摄的精度要求较高，必须要做到采光正确、画面清晰、主题突出、背景协调、角度适宜等要求。因此，对器材的选择可分为两方面：一是对成像尺寸的要求，要尽可能选择好的摄影器材和环境条件。根据用途来说，做普通资料摄影只要用135型相机或500万像素以上的数码相机即可。用于广告与印刷制版的模型拍摄，最好选用120胶卷和反转彩色胶卷。二是对镜头的要求，如果被拍摄的模型面积较大时，则需选择广角变焦镜头来进行拍摄。如果需要拍摄模型的某些局部或特写时，则需要选用近摄变焦镜头拍摄，每次拍摄时都要认真地选择焦距。一般应选择35～75mm焦距的镜头来选择拍摄。当光线较弱或者室内拍摄时，为使画面清晰，拍摄时最好使用三角支架、辅助光源以及反光板等光线辅助器材。

图3.22　单反相机及其辅助拍摄设备

3.5.2　拍摄角度

拍摄建筑模型的角度，应根据所拍摄的目的来决定。不同的拍摄角度，可以表现不同的内容和主题，以适应不同的拍摄目的，比如，拍摄的目的是为了介绍建筑模型的全貌及相关的背景环境，应取高视点、俯瞰角来拍摄；如果要展示主题建筑物的正面形象，则应当用标准镜头选取接近水平的视角来拍摄，这样可以符合人正面观看的视觉角度。如果需要表现建筑的某部分特别结构，可选用变焦镜头进行近视点的拍摄。无论采用哪种视角进行拍摄，都要注意构图的表现和目的(图3.23)。

图3.23　按照一定角度拍摄的模型效果

　　好的角度可以用最少的照片再现出模型的全貌。这些照片至少包括正上方鸟瞰，主要立面、次立面等多个立面照片。同时，模型的一些好的细部也要有详细特写，特别是对模型的细节结构和表面材质可以拍摄特写的照片。

　　1．俯视角度

　　以俯视角度拍摄模型整体是常用的拍摄角度(图3.24)，目的是反映建筑设计各部分的关系，此时要注意与光线来向的配合。既要形成合适反差的明暗关系，也要突出设计的某些精彩部分。布置光源和摆放模型时，尽量遵循实际场地的日照方向，取得一定的真实感，事实上，建筑设计师必然要考虑到日照问题对建筑的影响。

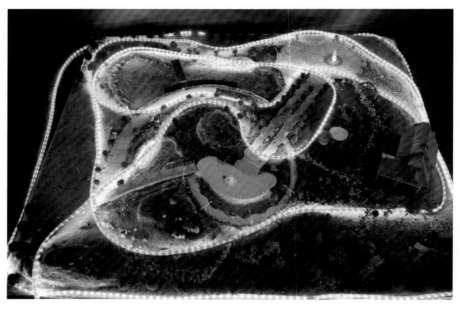

图3.24　景观模型俯视拍摄

2．平视角度

平视构图的基本意图是模拟正常视点高度时人的视觉体验，由于建筑模型是缩小的比例模型，需要降低照相机高度并靠近模型进行拍摄(图3.25)。在室外拍摄模型局部或有特殊夸张效果的要求时，构图时一般保持建筑模型的竖向线条与画面竖向边线平行，也就是在照相机镜头轴线保持水平的情况下拍摄，否则，将出现模型竖向线条向上(仰拍)或向下(俯拍)汇聚的现象，影响画面稳定感。

图3.25　建筑模型平视拍摄

3．局部与细部特写

拍摄模型的局部与细部可以精确反映建筑的结构、构造关系，也可以强调特定放入场所感。一张以人的视角进行拍摄的模型照片，可以真实表现在实体建筑环境中，人的视觉体验，具有前瞻性、导向性的作用。一张对建筑局部与细部进行精确反映的模型照片，可以看出对建筑细节的细微处理(图3.26)。

图3.26　局部细节定焦拍摄效果

3.5.3　拍摄用光

模型拍摄用光根据效果的要求可以分为：自然光有阴影、自然光无阴影、人工光和夜景光效果。模型拍摄时最好使用室内自然光，拍摄地点适合在宽敞明亮并且光线固定柔和的阴面房间内进行。因为阴面房间的光线不受阳光变化的影响，其他杂乱的光线也不容易进入镜头。拍摄时最好是多云晴天，如果室内自然光线不足的话，也可以采用灯光照明，但最好不要用相机自携的闪光灯拍摄，因为闪光灯的位置与相机的拍摄角度相同，很难来表现模型本身的色彩变化与体量关系，所以使用恒定光源进行照明，必须使拍摄与照明光源的方向呈45°左右的水平夹角，以体现建筑模型的优美体块和轮廓线(图3.27)。

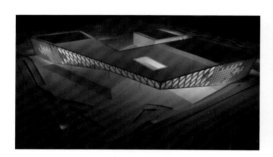

图3.27　冷光源拍摄效果

拍摄建筑模型也涉及用光处理的问题，拍摄的光线分为室内光线和室外光线两种情况。

在室内光线的条件下进行拍摄时，可选用自然光线明亮的房间，如自然光线不足时，可选择无自然光的房间，用聚光灯或闪光灯进行拍摄。用闪光灯协助拍摄时，将灯光照射的方向与建筑模型成45°，这样拍摄出来的建筑物模型照片具有较强的立体感。

在室外光线下进行拍摄时，应选择光线充足的天气，根据阳光照射的角度，调整建筑模型的角度，一般观者与模型水平夹角为45°时最佳，角度选择好，可使建筑模型照片具有更强的表现力和感染力。

拍摄时的灯光还应根据模型的一些细部来安排，如建筑物外立面有层层凸起，雨篷上有空构架，而右侧这些细部较少，那么主灯光应来自左侧，让檐口、构架在墙面上留下阴影，右侧需加一些稍弱的辅助光源，以免受光面与背光面反差太大，以致阴影里的一些内容得不到反映。简单的做法是加一反光板，向右侧反光。反光板可用白泡沫、白色硬纸板，放在反光灯的相对面，把光线反入背光面。在模型的顶部也要加一较弱的光源，使整体效果柔和。

3.5.4　拍摄距离

模型拍摄的距离要适宜。过于近容易暴露模型制作过程中细部表现的一些缺陷，同时会因景深过小而造成某些细节不清晰；过于远又不容易突出模型的主体及其重要部位。一般来讲，拍摄小模型和单体模型时，选择的镜头距离应该大于1m，以取景框能够容纳模型的全貌为准；拍摄规划模型及大模型时，镜头距离应大于2m，以加大景深使模型整体清晰(图3.28)。

图3.28　不同的拍摄距离有不同的表现效果

3.5.5　背景处理

拍摄建筑模型时，背景衬托是很重要的，应根据建筑的功能，建筑的整体色、环境和艺术处理的需要来确定背景材料的质感和色彩。例如，想以蓝天为背景，可选用蓝色的衬布或有色纸。这样拍摄出的背景效果简洁含蓄，建筑模型更加突出。

背景选择分自然背景和室内背景两种。最简单的方法是在晴天的日子把模型抬到室外，以平整、均匀的草地为背景，利用太阳充足的光线进行拍摄(图3.29)。一个以石块为背景的模型照片，拍摄者将模型置于小区鹅卵石小径上，模拟建筑物在自然环境中的效果。一张以土地为背景的模型照片，模型的白色质感与自然界土地的肌理形成鲜明的对比，同时自然光影也表现出模型的光影变化，这是在模型摄影中常用到的表现方式。当然也可以放到楼顶上，用远山、远树为背景。当远树与模型树高度接近或低于建筑物一半高时，所拍建筑极具真实感。

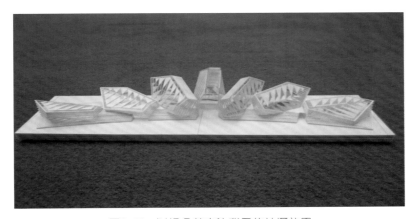

图3.29　以绿色草皮为背景的拍摄效果

将白纸处理为有色纸后也可以衬托背景。选白色的卡纸或其他的白色纸，用气泵手持喷笔喷出所需的蓝天的效果。

如果要表现建筑周围的绿化环境时，可将建筑模型放置在草坪之中或缀有树木的草坪之中来拍摄，这样可以加强建筑周围的绿化环境。

如果要表现建筑周围的建筑楼群时，可将建筑模型放置在建筑楼群中的某一高处，然后选择所需要的角度进行拍摄。

无论选用哪种背景拍摄，都要根据拍摄作品的需要和个人的审美观来想象，来构思设计。

3.5.6 模型照片的后期处理与储存

如果拍摄时没有采用合适的背景幕布，应该在后期对模型照片的杂乱背景进行处理，以突出模型主体，而模型照片在去除背景后也可以与同样角度的实景照片进行合成，输出"快速表现图"。这类工作通常在电脑中使用图像处理软件来完成。常用的软件是 Adobe Photoshop。该软件的重要功能之一是把传统暗房的关键程序和功能集成一体，使得在电脑上处理数码照片变得简单。

Photoshop 是一款处理光栅图像的软件，像素是其记录和描述图像的最小单位，这不同于 Freehand、Illustrator、CorelDraw、AutoCAD 等矢量绘图软件。典型的区别是在 Photoshop 软件中用缩放转换工具对一张光栅图像进行缩小或放大时，将改变图像的质量，特别是将已被缩小的图片再放大后，将严重损失画质。而用矢量图形进行放大缩小操作时，将不会影响对图形和图像的描述。

模型照片的背景常用的是黑色与白色，也可以完全不用背景，直接将模型本体沿外轮廓用套索工具选择出来，组合运用到其他排版文件中。

本 章 小 结

建筑模型制作前需要进行详细的设计，即在已经确定的建筑方案基础上，对建筑模型的尺寸、比例、材料、表现精度、制作工艺等进行综合构思，为模型制作提供全面参照。制作前要思考建筑模型的具体用途。在制作工程中，运用恰当的模型材料、选取适当的制作方法进行制作。制作完成后还要进行后期的模型拍摄与表现。

思 考 题

1．以不同的组别分别选取不同的材料制作同一建筑模型，分析其效果。

2．以某一具体建筑为例，制作其模型，在模型基础上思考能否改进和优化建筑方案。

3．自己构思设计制作一个建筑概念模型。

第4章 建筑模型主体制作

本章提要

介绍建筑模型主体制作的一般步骤，并分类别对常用的纸板模型、有机玻璃和ABS板模型、木质模型以及数控加工模型的主体制作方法进行重点介绍。

4.1　建筑模型主体制作过程概述

建筑模型中的主体制作，是模型制作的第一个具体内容。建筑模型主体制作可以分为绘图画线、排料加工、修整装饰和组合成型几个步骤。

1．绘图画线

首先根据确定的建筑模型比例绘出制作建筑模型所需要的平面图和立面图(图4.1)。然后将图纸放在已经选好的板材上，在图纸和板材之间夹一张复印纸，用双面胶固定好图纸与板材的四角，用转印笔描出板材的切割线。需要注意的是图纸在板材上的排料位置要计算好，以便节省板材。

传统的方法是采用绘图工具手工绘制，这样会消耗大量的时间，AutoCAD软件的出现使制图效率大幅度提高，并逐渐取代了传统制图。

图4.1　手绘模型制作图

2．排料加工

按照画好的切割线进行裁切(图4.2)，可以切割出各个平面、立面板块。还有一些部位，比如门窗、管道洞口是需要镂空处理的，应该先在相应的部件上用钻头钻好若干个小孔，然后穿入锯丝，锯出所需的形状，根据比例制作到位，锯割时需要留出修整加工的余量。

利用AutoCAD绘图的一大优势是可以将绘制出来的矢量图转换到数控机床中切割，生产出建筑模型的拼装板块，这进一步提高了模型的制作效率，质量也得到了提升。

图4.2　根据绘图手工切割材料

3．修整装饰

将切割好的材料部件，夹放在台钳上，根据大小和形状选择相宜的锉刀进行修整。外形相同的部件，或者镂空花纹相同的部件，可以把若干块夹在一起，同时进行精细的修整加工，这样可以保证花纹的整齐划一。各立面块应将仿镜面幕墙及窗格子处理好。室内模型要求能表现出踢脚线、家具、家电、陈设品等细节(图4.3)。建筑外观模型要求能表现出门窗边框、屋顶瓦片等细节。

图4.3　修整切割材料

4．组合成型

将所有立面及必要的平面修整完毕后，对照图纸精心粘接成型。建筑模型的转角要严实，接缝紧密。建筑规划模型要求外墙平直，表面光滑，形态统一(图4.4)。

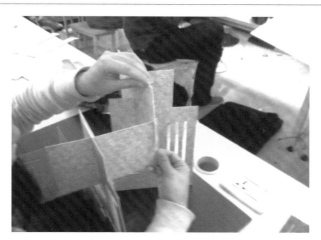

图4.4 组合成型

4.2 纸板模型制作

利用纸板材料制作模型成本经济、制作简单，是较为理想的方法之一。纸板模型分为薄纸板和厚纸板两大类。

4.2.1 薄纸板建筑模型制作技法

用薄纸板制作模型是一种较为简便快捷的制作方法，主要用于工作模型和方案模型的制作。基本技法可分为画线、裁剪、折叠和粘接等步骤。

在制作薄纸板建筑模型时，要根据模型类别和建筑主体的体量合理地进行选材。一般此类模型所用的纸板厚度在0.5mm以下。

在制作材料选定后，便可以进行画线。薄纸板模型画线是较为复杂的。画线时，一方面要对建筑物的平立面图进行严密的剖析，将材料合理分解为若干个面；另一方面，为了简化粘接过程，还要将分解后的面按折叠关系进行组合，并描绘在制作板上。

在制作薄纸板单体工作模型时，可以将建筑设计的平立面直接裱于制作板材上。具体做法是：先将薄纸板空裱于图板上，然后将绘有建筑物的平立面图喷湿，然后均匀地刷上经过稀释的糨糊或胶水，并将图纸平裱于薄纸板上。待充分干燥后，便可进行裁剪。裁剪时，可以直接按事先画好的切割线进行裁剪(图4.5)。在裁剪接口处，要留有一定的粘接量。在裁剪裱有设计图纸的工作模型墙面时，建筑物立面一般不做开窗处理。

图4.5 薄纸板裁剪

图4.6　薄纸板粘贴

裁剪后，可以按照建筑的构成关系，通过折叠进行粘接组合。折叠时，面与面的折角处要将折线划裂，以便在折叠时保持折线的挺直(图4.6)。

在粘接时，模型制作人员要根据情况选择和使用粘接剂。在做接缝、接口粘接时，应选用乳胶或胶水作粘接剂，使用时要注意粘接剂的用量，若使用过多，将会影响接口和接缝的整洁。在进行大面积平面粘接时，应选用喷胶作粘接剂。喷胶属于非水质胶液，它不会在粘接过程中引起粘接面的变形。

在使用薄纸板制作模型时，还可以根据纸的特性，利用不同的手段来丰富纸模型的表现效果。如利用"折皱"便可以使载体形成许多不规则的凹凸面，从而产生其各种肌理。通过色彩的喷涂也可使形体的表层产生不同的质感。

总之，通过对纸板特性的合理运用和对制作基本技法的掌握，可以使薄纸板建筑模型的制作更加简化，效果更加多样化。

4.2.2　厚纸板建筑模型制作技法

用厚纸板制作建筑模型是现在比较流行的一种制作方法。其主要用于展示类模型的制作，基本技法可分为选材、画线、切割、粘接等步骤。

选材是制作此类模型不可缺少的一项工作。一般现在市场上出售的厚纸板有单面带色板，色彩种类较多。这种纸板给模型制作带来了极大的方便，可以根据模型制作要求选择到不同色彩与肌理的基本材料。

图4.7　硬纸板画线

在材料选定后，便可以根据图纸进行分解。把建筑物的平立面根据色彩的不同和制作形体的不同分解成若干个面，并把这些面分别画于不同的纸板上。

画线时，一定要注意尺寸的准确性，尽量减少制作过程中的累计误差。同时，画线时要注意工具的选择和使用的方法。一般画线时使用的是铁笔或铅笔，若使用铅笔时，要采用硬铅(2H~4H)轻画来绘制图形，其目的是为了保证切割后刀口与面层的整洁(图4.7)。

在具体绘制图形时，首先要在板材上找出一个直角边，然后利用这个直角边，通过位移来绘制需要制作的各个面。这样绘制图形既准确快捷，又能保证组合时面与面、边与边的水平与垂直。

画线工作完成后，便可以进行切割。切割时，一般在被切割物的下边垫上切割垫，同时切割台要保证平整，防止在切割时跑刀。切割顺序一般是由上至下、由左至右。沿着这个顺序切割，不容易损坏已切割完的和已绘制未切割的图形。

进行厚纸板切割是一项难度比较大的工序。由于被切割纸板厚度在1mm以上，切割时很难一刀将纸板切透，所以一般要进行重复切割。重复切割时，一方面要注意入刀角度要一致，防止切口出现梯面或斜面；另一方面要注意切割力度，要由轻到重，逐步加力。如果力度掌握不好，切割过程中很容易跑刀(图4.8)。

在切割立面开窗时，不要一个窗口一个窗口切，要按窗口横纵顺序依次完成切割。这样才能使立面的开窗效果整齐划一。

整体切割完成后，即可进行粘接处理。一般粘接有三种形式：面对面、边对面、边对边。

面对面粘接主要是各种体块之间组合时采用的一种粘接方式。在进行这种形式的粘接时，要注意被粘接面的平整度，确保粘接缝隙的严密。

边对面粘接主要是立面与平面、立面与立面之间组合时采用的一种粘接方式。在进行这种形式的粘接时，由于接口接触面较小，所以要确保接口的严密性。同时还要根据粘接面的具体情况考虑进行内加固。

边与边粘接主要是面间组合时采用的一种粘接形式。在进行这种形式粘接时，必须将两个粘接面的接口，按粘接角度切成斜面，然后再进行粘接。在切割对接口时，一定要注意斜面要平直，角度要合适。这样才能保证接口的强度与美观。如果粘接口较长、接触面较小时，同样也可以根据具体情况考虑进行加固。总之，无论接口采用何种形式对接，在接口切割完成后，便可以进行粘接了。在粘接过程中，一定要考虑到粘接面的先后关系，确保接缝强度和模型表层的整洁。

在粘接厚纸板时，一般采用白乳胶作为粘接剂。在具体粘接过程中，一般先在接缝内口进行点粘。由于白乳胶自然干燥速度慢，可以利用吹风机烘吹，提高干燥速度。待胶液干燥后，检查一下接缝是否合乎要求，如达到制作要求即可在接缝处进行灌胶，如感觉接缝强度不够时，要在不影响视觉效果的情况下进行内加固(图4.9)。

图4.8 硬纸板切割

图4.9 硬纸板粘贴

在粘接组合过程中，由于建筑物是有若干个面组成，即使切割十分准确也存在着累计误差，所以在操作过程中要随时调整建筑体量的制作尺寸，随时观察面与面、边与边、边与面的相互关系，确保模型造型与尺度。

总之，用纸板制作建筑模型，无论是制作工艺，还是制作方法都较为复杂。但只要掌握了制作的基本技法，就能解决今后实际制作中出现的各种问题，从而使模型制作向理性化、专业化的方向发展。

4.3　有机玻璃及ABS板模型制作

　　有机玻璃及ABS板同属于有机高分子合成塑料，这两种材料有较大的共同点。有机玻璃及ABS板具有强度高、韧性好、可塑性强等特点。它们主要用于展示类建筑模型制作，其制作技法可分为选材、画线、切割、打磨、粘接、上色等步骤。

　　此类建筑模型的制作，首先进行的也是选材。现在市场上出售的有机玻璃及ABS板规格不一，其厚度为0.5~10mm，甚至更厚。但用于制作建筑模型板材的厚度，有机玻璃板一般为1~5mm，ABS板一般为0.5~5mm。在挑选板材时，一定要看规格和质量标准。目前国内生产的薄板材，由于加工工艺和技术等因素影响，厚度明显不均。因此，在选材时要合理地进行搭配。另外，在选材时还应注意板材在储运过程中，材料的表面很可能受到不同程度的损坏。往往认为板材加工后还要打磨、上色，有点损坏并无大问题。其实不然，若损坏较严重，即使打磨、喷色后损伤处仍明显留存于表面。因此，在选材时应特别注意板材表面的情况。

　　在选材时，除了要考虑上述材料自身因素，还要考虑后期制作工序。若无特殊技法表现时，一般选用白色板材进行制作。因为白色板材便于画线，同时也便于后期上色处理。

　　在材料选定后，就可以进行画线放样。画线放样即根据设计图纸和加工制作要求将建筑的平立面分解并移置在制作板材上。在有机玻璃板及ABS板上画线放样有两种方法：其一是利用图纸粘贴替代手工绘制图形的方法，具体操作可参见木质模型的画线方法；其二是测量画线放样法，即按照设计图纸在板材上重新绘制制作图形。

　　在有机玻璃板及ABS板上绘制图形，画线工具一般选用圆珠笔和游标卡尺。

　　用圆珠笔画线时，先用酒精将板材上面的油污擦干净，在用细砂纸轻微打磨一下，将表面的光洁度降低，这样能增强画线时的流畅性。

　　用游标卡尺画线时，同样先用酒精将板材上面的油污擦干净，但不用纱布打磨即可画线。用游标卡尺画线，可即量即画，方便、快捷、准确。画线时，游标卡尺用力要适度，只要在表层留下轻微划痕即可。待线段画完后，用手沾些灰尘、铅粉和颜色，在划痕上轻轻揉搓，此时图形便清晰地显现出来。

图4.10　用钩刀切割有机玻璃板

　　在放样完毕后，便可以分别对各个建筑立面进行加工制作。其加工制作的步骤一般是先进行墙线部分的制作，其次进行开窗部分的制作，最后进行平立剖面的切割。

在制作墙线部分时，一般是通过钩刀做划痕来进行表现(图4.10)。在用钩刀进行墙线勾勒时，一方面要注意走线的准确性；另一方面要注意下刀力度均匀，勾线深浅要一致。

在墙线部分制作完成后，便可以进行开窗部分的加工制作(图4.11)。这部分的制作方法应视材料而定。制作材料是ABS板，且厚度在0.5~1mm时，一般用推拉刀或手术刀直接切割即可成型。制作材料是有机玻璃或板材厚度在1mm以上的ABS板时，一般是用锯条进行加

图4.11　有机玻璃板切割后预留的门窗洞口

工制作。具体操作方法是先用手摇钻或手电钻在有机玻璃板或ABS板即将要挖掉的部分钻上一个小孔，将锯条穿过孔内，上好锯条便可以按线进行切割。如果使用1mm板材加工时，为了保险起见，可以用透明胶纸或即时贴贴在加工板材背面，从而加大板材的韧性，防止切割破损。

待所有开窗等部位切割完毕后，还要用锉刀进行统一修整，修整时要有耐心，并要时刻细心。

修整后，便可以进行各面的最后切割，即把多余部分切掉，使之成为图纸所表现的墙面形状。此道工序除了用曲线锯来进行切割外，还可以用钩刀来进行切割。用钩刀进行切割时，一般是按照图样留线进行勾勒。也就是说，勾下的部件上应保留图样的画线。因为钩刀勾勒后的切口是V形，勾下后的部件，还需要打磨才能使用。因此，在切割时应留线勾勒，以确保打磨后部件尺寸的准确无误。

待切割程序全部完成后，要用酒精将各部件上的残留线清洗干净，若表面清洗后还有痕迹，可用砂纸打磨。打磨后，便可进行粘接、组合。有机玻璃板和ABS板的粘接与组合是一道较为复杂的工序。在这类模型的粘接、组合过程中，一般是按照由下而上、由内向外的顺序进行。对于粘接形式不需过多考虑，因为此类模型在成型后还要进行色彩处理。

在具体操作时，首先选择一块比建筑物基底大、表面平整而光滑的材料作为粘接的工作台面，一般选用5mm厚的玻璃板为宜。其次在粘接物背后用深色纸或布进行遮挡，这样便可以增强与被粘接的色彩对比，有利于观察。

上述准备工作完毕后，便可以开始粘接组合。在粘接有机玻璃板和ABS板时，一般选用502胶和三氯甲烷作粘接剂。在初次粘接时，不要一次将胶粘剂灌入接缝中，而应首先采用点粘进行定位。定位后要进行观察。观察时一方面要看接缝是否严密、完好，另一方面要看被粘接面与其他构件之间的关系是否准确，必要时可用量具进行测量。在认定接缝无误后，再用胶液灌入接缝，完成粘接(图4.12)。在使用502胶作粘接材料时，应注意在粘接后不要马上打磨、喷色，因为502胶不可能在较短的时间内做到完全挥发，若马上打磨喷色，很容易引起粘接处未完全挥发的成分与喷漆产生化学反应，使接缝产生凹凸不平感，影响其效果。在使用上述两种粘接剂进行各种形式的粘接时，都应该本着"少量多次"的原则进行。

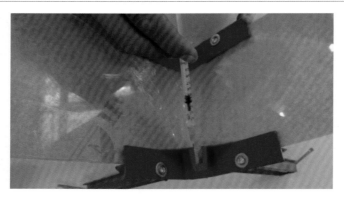

图4.12　用三氯甲烷粘接有机玻璃

当模型粘接成型后，还要对整体进行一次打磨。打磨重点是接缝处及建筑物檐口等部位。这里应该注意的是，此次打磨应在粘接剂充分干燥后进行。一般使用502胶进行粘接时，需干燥1h以上，用三氯甲烷进行粘接时，需干燥2h以上，才能进行打磨。

打磨一般分两次进行。第一次采用锉刀打磨。在打磨缝口时，最常用的是6~10寸中细度板锉。在使用锉刀时要注意打磨方法。一般在打磨时，锉刀是单向用力，即向前锉是用力，回程时抬起，而且还要注意打磨力度要一致。这样才能保证所打磨的缝口平直。第二次打磨可用细砂纸进行，主要是将第一次打磨后的锉痕打磨平整。

在全部打磨程序完成后，要对已打磨过的各个部位进行检验。在检验时，一般是用手摸、眼观。手摸是利用感觉检查打磨面是否平整光滑，眼观是利用视觉来检查打磨面。在眼观时，打磨面与视线应形成一定角度，避免反光对视觉的影响，从而准确地检查打磨面的光洁度。

在检验后，有些缝口若有负偏差时，则需要进一步加工。其方法有以下两种。

(1) 选择与材料相同的粉末，堆积于需要修补处，然后用三氯甲烷将粉末溶解，并用刻刀轻微挤压，挤压后放置于通风处干燥。干燥时间越长越好，待胶液完全挥发后再进行打磨。

(2) 用石膏粉或浓稠的白广告色加白色自喷漆进行搅拌，使之成为糊状。然后用刻刀在需要修补处进行填补。填补时应注意该填充物干燥后有较大的收缩，因此要分多次填补才能达到理想效果。

上色是有机玻璃板和ABS板制作建筑主体的最后一道工序。一般此类材料的上色都是用涂料来完成。目前市场上出售的涂料品种很多，有调和漆、磁漆、喷漆和自喷涂料等。当然在上色时，首选的是自喷漆类涂料。这种上色剂具有覆盖力强，操作简便，干燥速度快，色彩感觉好等优点。其具体操作步骤是，先将被喷物体用酒精擦拭干净，并选择好颜色合适的自喷漆，然后将自喷漆罐上下摇动约20s，待罐内漆混合均匀后即可使用。喷漆时，一定要注意被喷物与喷漆罐的角度和距离。一般被喷物与喷漆罐的夹角为30°~50°，喷色距离在300mm左右为宜。具体操作时应采取少量多次喷漆的原则，每次喷漆间隔时间一般在2~4min，气温较低时，应适当延长间隔时间。在进行大面积喷漆时，每次喷漆的顺序应交叉进行，即第一次由上至下，第二次由下至上，第三次由左至右，第四次由右至左，如此依次交替，直至达到理想效果。

此外，在喷漆的实际操作中，如果需要有光泽的表层效果时，在喷漆过程中应缩短喷漆距离并均匀地减缓喷漆速度，从而使被喷物表层在干燥后就能形成平整有光泽的漆面。但应该指出的是，在喷漆时，被喷面一定要水平放置，以防漆层过厚而出现流挂现象。如果需要亚光效果时，在喷漆过程中要加大喷漆距离和加快喷漆速度，使喷漆在空气中形成雾状并均匀地散落在被喷面表层，这样重复数遍后漆面便形成颗粒状且无光泽的表层效果。

综上所述，自喷漆是一种较为理想的上色剂。但是由于目前市场上出售的颜色有限，从而给自喷漆的使用带来了一定的局限性。如果在进行上色时，自喷漆中选择不到合适的颜色，便可用磁漆或调和漆来替代。

使用磁漆来进行表层上色时，其操作方法和自喷漆基本相同，但喷漆设备较为复杂，不适合小规模的模型制作，所以这里不作详述。

在此主要详细介绍一下调和漆的使用与操作程序。

调和漆具有易调和、覆盖力强等特点，是一种用途广泛的上色剂。

在给建筑模型上色时，调和漆的操作方法与程序和日常生活中接触到的操作方法及程序截然不同。在日常生活中，常用板刷进行涂刷，使油漆附着于被涂物的表面。这种方法在进行大面积上色时可以使用，但给建筑模型上色时，这种方法就显得太粗糙了。在使用调和漆进行建筑模型上色时，一般采用的是剔涂法。即选用一些细孔泡沫沾上少量经过稀释的油漆，在被处理面上进行上色。上色时要注意其顺序，在进行平面上色时，一般是由被处理面中心向外呈放射状依次进行，切忌乱上或横向排列。否则会影响着色面色彩的均匀度。上色时也不要急于求成，要反复数次。每次上色时必须等上一遍漆完全干燥后才可进行。这种上色法若操作得当，其效果基本与自喷漆的效果一致。但这里应该指出的是，在利用这种方法进行上色过程中，特别要注意以下几点。

(1) 操作环境。因为调和漆(经过稀料稀释后)干燥时间较长，一般需要3~6h，所以必须在无尘且通风良好的环境中进行操作和干燥。

(2) 泡沫。用于剔涂的细孔泡沫，在每进行一次上色后应进行更新，以确保着色的均匀度不受影响。

(3) 调色。在进行调和漆的调色时，要注意醇酸类和硝基类的调和漆不能混合使用，作为稀释用的稀料也不能混合使用。

(4) 调漆。使用两种以上色彩调配的油漆，待下次使用前一定要将表层的干燥漆皮去除并搅拌均匀后才能继续使用。

4.4　木质模型制作

用木质材料制作建筑模型是一种独特的制作方法。它一般是用材料自身所具有的纹理、质感来表现建筑模型。其视觉效果古朴、自然，是其他材料所不能比拟的，主要用于古建筑和仿古建筑模型的制作。其基本制作技法可分为选材、画线、切割、打磨、粘接、组合等步骤。

木制模型最主要的是选材问题。因为用木材制作建筑模型，主要是利用材料自身的纹理和色彩，表层不做后期处理，所以选材问题就显得格外重要。

一般选材时应考虑如下因素。

1．木材纹理规整性

在选择木材时，一定选择木材纹理清晰、疏密一致、色彩相同、厚度规范的板材作为制作的基本材料。

2．木材强度

在制作木质模型时，一般采用航模板，板材厚度以0.8~2.5mm为宜。因为板材较薄，部分木质密度不够，所以强度很低，在切割和稍加弯曲时，就会产生劈裂。因此，在选材时，特别是选择薄板材时，要选择一些木质密度大、强度高的板材作为制作的基本材料。

在选材时，还可能遇到板材宽度不能满足制作尺寸的情况。这时，就要通过木板拼接来满足制作需求。木板材拼接一般是选择一些纹理相近、色彩一致的板材进行拼接，方法有如下几种。

1) 对接法

对接法是一种板材拼接常用方法。它首先要将拼接木板的接口进行打磨处理，使其缝隙严密。然后，刷上乳胶进行对接。对接时轻轻加力，将拼接板进行搓挤，使其接口内的夹胶溢出接缝。最后将其放置于通风处干燥。

2) 搭接法

搭接法主要用于厚木板材的拼接。在拼接时，首先要把拼接板接口切成子母口。然后，在接口处刷上乳胶并进行挤压，将多余的胶液挤出，经认定接缝严密后，放置于通风处干燥。

3) 斜面拼接法

斜面拼接法主要用于薄木板的拼接。拼接时，先用细木工刨将板材拼接口刨成斜面，斜面大小视视其板材厚度而定。板材越薄，斜面应越大，板材厚度增加，可将斜面减小。接口刨好后，便可进行刷胶、拼接。拼接后检查是否有错缝现象，若粘接无误，将其放置于通风处干燥。

在上述材料准备完成后，便可进行画线。画线时，可以在选定的板材上直接画线(图4.13)。画线所采用的工具和方法可以参见厚纸板模型的画线工具和方法。同时，此材料还可以利用设计图纸装裱来替代手工绘制图形。其具体做法是：先将设计图的图纸分解成若干制作面，然后将分解的图纸用稀释的胶水或糨糊(不要用白乳胶和喷胶)依次裱于制作板材上，待干燥后便可进行切割。切割后，板材上的图纸用水闷湿即可揭下。此外，还应特别指出的是，无论采用何

图4.13 在木板材上画线

种方法绘制图形，都要考虑木板材纹理的搭配，确保模型制作的整体效果。

在画线完成后，便可以进行板材的切割。在对木板材进行切割时，薄板材一般选用刀具切割(图4.14)；较厚的板材一般选用锯进行切割(图4.15)。在选择刀具时，一般选用刀刃较薄且锋利的刀具。因为刀具越薄、越锋利，切割时刀口处板材受挤压的力越小，从而减少板材的劈裂现象。

图4.14　手工切割木板材

此外，在木板切割过程中，除了要选好刀具，还要掌握正确的切割方法。用刀具切割时，第一刀用力要适当，先把表层组织破坏，然后逐渐加力分多刀切断。这样切割，即使切口处有些不整齐，也只是下部有缺损，而不会影响表层的效果。

图4.15　电锯切割木板材

在部件切割完成后，按制作木模型的程序，应对所有部件进行打磨。打磨是组合成型前的最重要环节。在打磨时，一般选用细砂纸来进行。具体操作时应注意三点：一是尽量顺其纹理进行打磨；二是依次打磨，不要反复推拉；三要打磨平整，表层有细微的毛绒感。

在打磨大面时，应将砂纸安装在砂夹上进行打磨。这样打磨接触面受力均匀，打磨效果一致。在打磨小面时，可将若干个小面背后贴好定位胶带，分别贴于工作台面，组成一个大面打磨，这样可以避免因打磨方法不正确而引起的平面变形。

在打磨完毕后，即可进行组装。在组装粘接时，一般选用白乳胶(图4.16)和德国生产的UHU胶作粘接剂。切忌使用502胶进行粘接。因为502胶是液状，黏稠度低，它在干燥前可顺木材的空隙渗入木质中，待胶液干燥后，木材表面则留下明显的胶痕，这种胶痕是无法清除掉的。而白乳胶和UHU胶黏稠度大，不会渗入木质内部，从而保证粘接缝隙整洁美观。

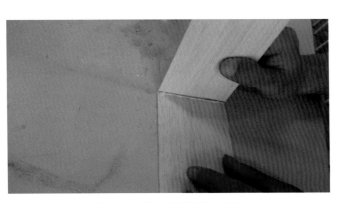

图4.16　用白乳胶粘接木板材

在粘接组装过程中，采用的粘接形式可参考厚纸板模型的粘接形式，即面对面、边对边、边对面三种形式。同时在具体粘接组装时，还可以根据制作需要，在不影响其外观的情况下，使用木钉、螺钉共同进行组装。

在组装完毕后，还要对成型的整体外观进行修整。

综上所述，木质模型的制作方法与厚纸板模型的制作基本技法有较多共性。在一定程度上，可以相互借鉴和补充。

4.5 数控加工模型制作

计算机数控机床(简称CNC)系统通常包括一台计算机和一台铣床。铣床下可放置用于制作模型的材料。计算机屏幕上显示有录入的各种数据信息，如每条切割线的绘画方式(是否弯曲、弯曲方向等)、线的宽度及其颜色等，其构成的图形在X、Y、Z(Z轴表示铣刀的切割深度)坐标系中。例如，针对屏幕上所显示的红色线条，铣床将用相应型号的铣刀在模型材料上切削深度为1mm。其他所有线条则使用相应型号的铣刀按照顺序逐条切削。切削之后，对照模型设计图纸进行模型组装。

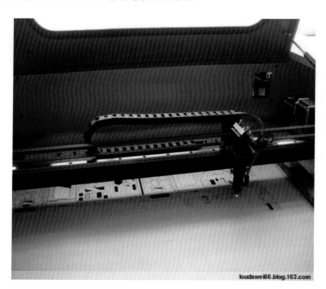

图4.17　激光雕刻机运行状态

计算机数控生成的实体模型的使用材料和表现形式与手工建筑模型相似。所不同的是，它是以计算机绘制、控制并制作的实体模型，制作成型快速、准确和精致(图4.17)。制作系统一般由绘图和制作两部分组成。比较常用的计算机雕刻机软件为文泰雕刻机软件(图4.18)和NCStudio数控系统(雕刻机运动控制系统)。一般情况下，我们将书面数据利用AutoCAD或CorelDraw等一些软件转化为计算机数据，保存后利用雕刻机软件打开，进行排版调整、雕刻刀头的选择、雕刻深度等，然后保存为NCStudio数控系统可识别的文件格式，接着用数控系统打开文件，启动雕刻机进行雕刻即可。

下面以文泰雕刻机软件和NCStudio数控系统为例进行介绍。

图4.18 雕刻机常用软件文泰

1. 文泰雕刻制图过程

(1) 设定排版幅面设定版面大小之前，需要把将要雕刻的整块板材的宽和高量取出来，排版幅面切不可超过整块板材的大小(图4.19)，也就是说雕刻机的行走路径必须一直在板材上，否则可能导致雕刻刀头断裂、弹飞，伤到操作者。

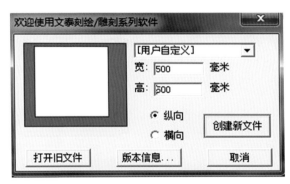

图4.19 文泰雕刻版面设置

(2) 原始设计资料输入，主要包括以下内容。

①利用文字录入功能输入文字。

②利用图形绘制功能，绘制必要的图形，如直线、圆弧、圆、连续线、矩形、圆角矩形、多边形和曲线，产生图形数据。一般情况下，复杂的图形绘制不在雕刻机软件上进行，而是用专业的图形绘制软件绘制。但是一些简单的图形，例如，矩形、直线、圆、多边形等，可以在雕刻机软件上直接绘制(图4.20)。

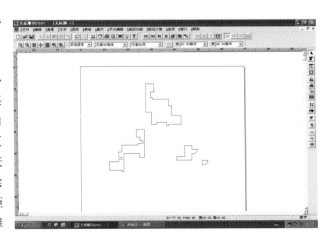

图4.20 文泰雕刻制图

③读取图库中的数据。

④用图形数据交换功能接受其他系统的设计数据(图4.21)。雕刻机软件可以识别以下几种文件格式：DXF(这种格式比较常见，CAD可保存为这种格式)、tet、eps、plt、ac5、ac6、tif、bmp等。

⑤用扫描仪输入的图像数据。

(3) 使用文泰雕刻软件进行排版(为了节约板材)，或利用节点编辑修图，生成合乎设计要求的数据(图4.22)。

图4.21　文泰雕刻读入其他软件绘制的图形

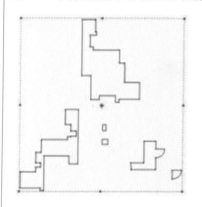
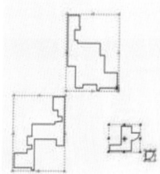
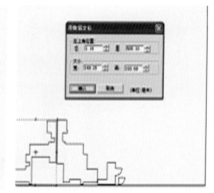

图4.22　分散图形的排版

(4) 仔细核实已经排好的结果，确保无误。

(5) 通过二维、三维、割字等计算雕刻的刀具路径。计算雕刻路径时需要仔细核定使用道具的参数，如果刀具参数有误，加工结果肯定不能满足要求。根据刀的宽度需要对图形的高和宽做一些补偿，即把刀宽计算到图形中去。在排版完成后，单击"割字"，进入选择调整界面。对刀头种类的进行选择以及雕刻深度进行调整。最后保存为nc格式的文件，完成操作(图4.23和图4.24)。

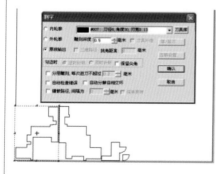

图4.23　刀具路径设置及生成路径与保存

图4.24　不同类型的道具补偿数据各不相同

(6) 雕刻输出：在雕刻输出中要仔细核实计算机输出端口是否设置正确，如使用COM1还是COM2，或者是LPT1等。如果设置端口不对，雕刻机肯定不能工作。如果设置端口对COM1或COM2，还要将其端口参数设置正确，如波特率、停止位、数据位等，一次设置正确后，今后就不再重新设置，除非重新安装系统。

2．NCStudio数控系统雕刻过程

NCStudio数控作为文泰雕刻的辅助系统(图4.25)，同时也是雕刻机的直接控制系统，主要作用是导入文泰雕刻nc格式路径图，自动计算XYZ三维坐标，通过主轴的转动和移动，按照三维路径(Z轴即为板材厚度)完成切割。

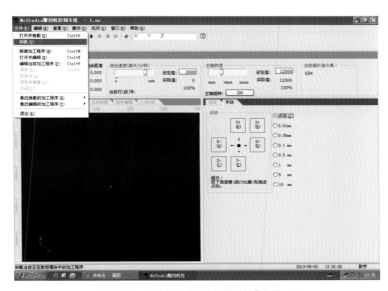

图4.25　NCStudio数控系统操作界面

(1) 文件的打开和加载。打开软件，导入文泰雕刻先前制作完成的nc格式的雕刻路径矢量图，选择"打开并装载"，自动完成雕刻路径坐标计算(图4.26)。

图4.26　加载并打开nc格式文件

(2) 原点的选定。根据板材尺寸，在左下角选取原点，通过移动主轴调节刀头，使刀头置于板材表面，以误差0.01mm为最佳状态。移动主轴时，使用数字键盘，快速移动时同时按住Ctrl和数字键。当距离接近时，可选择手动距离进行微调(图4.27)，这样可以防止判断失误，避免碰到硬物造成刀头的断裂，最大限度使刀尖刚好接触板面(此时Z轴刚好至0点)。

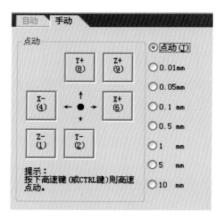

图4.27　转轴移动手动微调距离选择

(3) 开始雕刻。加载文件并选择原点后，单击开始键，开始雕刻。在雕刻过程中如果遇到紧急情况，可按F11键暂停。若还需继续进行可单击"断点继续"继续雕刻。同一板面需二次雕刻时，需单击"回到原点"。

本 章 小 结

建筑模型中的主体制作，分为绘图画线、排料加工、修整装饰和组合成型等几个步骤。纸板类模型基本技法可分为选材、画线、切割(或剪裁)、粘接等步骤。有机玻璃及ABS板模型同属于有机高分子合成塑料，其制作技法可分为选材、画线、切割、打磨、粘接、上色等步骤。木质材料模型基本技法可分为选材、画线、切割、打磨、粘接、组合等步骤。数控加工模型是现代数控技术切割，其制作技法主要为绘图和切割，尤其应注意数据的转换和路径的选择。

思 考 题

1．用纸板材料制作某一经典建筑，如萨伏伊别墅、母亲住宅等。
2．用机玻璃板材料制作某一经典建筑，如范斯沃斯住宅、巴塞罗那德国馆等。
3．用木质材料制作某一经典建筑，如天坛、上海世博会中国馆等。
4．有设备条件的可以采用数控加工方法制作某一个经典模型。

第 5 章　建筑模型环境制作

本章提要

　　介绍建筑模型中的非主体，即环境制作。按制作步骤对模型底盘、地形、道路、景观、灯光五个方面逐一介绍。

5.1   建筑模型环境制作的总体原则

建筑模型主体制作完成后，还需要进行建筑模型布景，即建筑模型环境制作部分。精致的主体建筑配上合理的环境配置犹如画龙点睛，会使整体模型变得更加丰富生动。反之，则会破坏原有建筑主体，弄巧成拙。

在建筑模型环境制作中，要合理选取材料。在研究类模型中，通常用一些抽象、价廉的模型塑造手法，减少浪费，比如随处可见的小石子、鸡蛋壳、细铁丝等，在建筑模型环境制作中，都曾得到广泛的运用。而在展示类模型中，则会用到一些具体的高档材料，各种比例的仿真成品模型，如树、人、车、亭榭、建筑小品等应有尽有，即使小件也价格不菲。

图5.1   建筑模型配景

在建筑模型的环境制作过程中，要正确处理各环境要素与主体建筑之间的关系。环境要素中的山体地形、河流水系、道路交通、绿化景观之间的关系要搭配相宜，表现要自然合理，色彩关系处理要协调，要能生动地反映实地自然环境。各环境要素与主体建筑之间主次关系清楚，形状比例真实，大小形态合理，空间布置疏密有序(图5.1)。

在建筑模型的环境制作过程中，要制订施工计划，科学制作。首先进行底盘的处理与纠正，接着在底盘之上建立各地形要素，如山体、河流

等，然后进行各项环境要素的制作，如道路、绿化、建筑小品等，同时进行电路系统的安装，最后进行盘内整饰及分块盘体间各要素的衔接。要按工序的先后顺序与工作量的多少，合理安排工期。

5.2   建筑模型底盘制作

底盘是建筑模型的重要组成部分，是放置模型主体，配置环境附属物的基础。底盘的形状要根据其方案的要求来设计制作。常见的底盘形状可以分为矩形、多边形、圆形或弧形。由于制作、运输、包装等的客观要求，底盘的形状常常是长方形的。为方便观赏，底盘上还要呈现模型名称、比例尺、指北针、制作者名称等。

底盘选择何种材料制作，模型建筑如何连接是需要整体考虑的。木制底盘底部结构的制作可选用实木板、细木工板、金属等材料，小面积可用厚纸板、薄片、反光板等，若使用玻璃，则要将其周边磨光。不同地面的底盘，其做法必然不同。常见的底盘有平整地面、土丘坡地、有水底盘和大面积广场底盘等。

平整地面的底盘是以木制底盘为基面，在大面粘上泡沫纸、吹塑纸或有机玻璃、茶色玻璃。这种底盘一般以深红色、深灰色绒纸作地面的草坪绿化，再以深灰色吹塑纸粘硬地面，即道路广场的地面；也可先粘有机玻璃，再粘绒纸作为绿化草坪(图5.2)。

土丘坡地的底盘是在木制底盘的基础上，按土丘坡地的等高线，以泡沫块、吹塑纸为填充物，垫起坡度，粘接牢固后再铺上地面材料(图5.3)。

图5.2　平整地面模型　　　　　　　　　图5.3　土丘坡地模型

有水面的底盘通常用有机玻璃来作水面的材料。先将有机玻璃铺在底板上，再将地面材料粘在上面，并用手术刀刻水面部分。此外，还可以在水面上点缀一些丹石以活跃气氛(图5.4)。

有大面积广场的底盘可以用吹塑纸、砂纸、有机玻璃、茶色玻璃作为地面材料，并按以上介绍的相应加工方法，刻画成不同质感的纹理，然后粘在底板上(图5.5)。这几种材料各有特点。吹塑纸可加工成各种纹理，质感粗糙，以衬托建筑物的光清华美。在砂纸的正面画上规整的格子，色彩调和，质感中粗且不反光，感觉稳定，是较真实的地面处理方法。有机玻璃或茶色玻璃作地面，质感光滑坚硬，加之反光较强，便于表现城市繁华的景观和气氛；地面与建筑的反光和倒影相映生辉，多用于大型公共建筑、商场、文化娱乐中心的广场地面处理。

图5.4　有水面的模型　　　　　　　　　图5.5　有大面积广场的模型

5.3　建筑模型地形制作

建筑模型地形制作的前提条件是地形测量的精确度。其中建筑物的面积、交通、绿地和水域面积，树木以及露天阶梯、斜坡、护墙等都应该包含在内。

1. 多层粘贴法

如果场地高低差较大，常用等高线法制作模型。首先按比例使用与等高距符合的板材，沿等高线的曲线形切割，粘贴成梯田形式的地形，这就是等高线做法(图5.6)。

根据地形图的等高线变化分成若干等份，再按照各等份的高度选择泡沫板的厚度，然后将各等份等高线分别绘于泡沫板上，并用电热锯或钢丝锯锯出，用胶层层叠粘在一起，干固后用墙纸刀、砂纸等工具修整，使山丘坡地变得自然柔和，这种方法适用于山丘变化较大的地形。

在这种情况下，所选的材料以纸板、软木板和苯乙烯吹塑纸板和吹塑板为主，做法可用电锯或热切割器切割成流畅的曲线。在切割材料允许的条件下，我们还可以选择木板、PVC、ABS塑料板等片材来制作地形。

2. 高低断面做法

在建筑场地图上画出等距离的纵横轴线，如果某些点的高度已知，可用厚纸、轻木等材料，如胶合板等片状材料做成蜂巢格子状(这种格子形状类似升斗格)，格内用泡沫苯乙烯碎屑和旧纸板将其填成平缓状，使其成为符合场地实情的曲面；再将其顶部用黏土填塞，做到表面压实；然后在顶面粘上柔软的防风纸或麻纸等，要多贴几层；接着，可将灰色纸揉搓后贴在其表层上，这样就做成了有柔软感的地面效果。此外，也可直接选用泡沫苯乙烯，其厚度切割成与轴线处相等的高度，然后塞入巢格中做粘贴处理，这样不但不需要加任何填充物，而且方法和程序也简单得多(图5.7)。

当地面雏形完成后，再进行地表的处理和加工，这时候应充分考虑模型整体关系，以及道路、石墙、青苔、水面、树木等的表现手段，同时还应正确地掌握建筑物与室内外景物的相互关系，从而做到主题鲜明、突出、和谐。

图5.6　多层粘贴制作地形

图5.7　高低断面法制作地形

3．石膏浇灌法

先将山丘坡地的地形等高线描摹到底盘台面上，用木棍、竹签或铁钉将山地的高低变化点，如峰、岗、沟、岩、壁等按等高比例做出标高记号，再用石膏纸浆、石膏碎块或泥浆等材料浇灌上去。浇灌工作可分层浇灌，一层一层浇到最高点(图5.8)。塑造成型后再用竹片或刀片适当修刮出理想的等高落差效果。这种方法适用于山丘变化不大的地形。

图5.8　石膏浇灌法制作地形

4．玻璃钢倒模法

按地形图要求，先用黄泥或石膏浆塑造立体山丘坡地地形，再用石膏翻制成阴模，然后按玻璃钢材料的配方在模具上涂刷树脂，裱糊玻璃丝布制成轻巧、坚固的空心山丘坡地模型。这种方法虽然比较麻烦，但地形效果柔和逼真。

5.4　建筑模型道路制作

道路是建筑模型盘面上的一个重要组成部分。建筑模型中的道路有车行道、人行道、街巷道等。制作建筑模型中的道路时，应根据道路的不同功能，选用不同质感和色彩的材料。一般情况下，车行道选用色彩较深的材料，人行道应选用色彩较浅的材料。在制作道路时，车行道、人行道、街巷道的两旁要用薄型材料垫高，还要用层次上的变化来增强道路的效果。

道路在建筑模型中的表现方法不尽相同，它随着比例尺的变化而变化。

比例尺较小的建筑模型，一般来说，是指规划类建筑模型，其主要配景是由道路网和绿化构成。因此，在制作此模型时，道路网的表现要求既简单又明了。在颜色的选择上，一般选用灰色。对于主干道路、次干道路和人行道的区分，要统一放在灰色调中考虑，用色彩的明度变化来划分路的种类。

在选用灰色板材做底盘时，可以利用底盘本身的色彩做主干道路(图5.9)，用浅于主干道路的灰色表示人行道，次干道路色彩一般随主干道路的色彩的变化而变化。作为主干道路、次干道路和人行道的高度差，在规划模型中是忽略不计的。在具体操作中也可以用灰色即时贴来表示道路网。

图5.9　采用灰色板材制作道路

图5.10　采用即时贴制作道路

先用复写纸把图纸描绘在模型底盘上，然后将表现人行道的灰色即时贴裁成若干条，宽度应宽于要表现的人行道宽度(图5.10)。因为待人行道贴好后，上面还要压贴绿地，为了接缝的严密，一般采用压接方法，所以人行道要宽于实际宽度。待准备工作完毕后，就可按照图纸的实际要求进行粘贴。粘贴时，一般先不考虑路的转弯半径，而是以直路铺设为主，转弯处暂时处理成直角。待全部粘贴完毕后，再按其图纸的具体要求进行弯道的处理。

　　比例尺较大的建筑模型道路主要是指展示类单体或群体建筑的模型，由于表现深度和比例尺的变化，在道路的制作方法上与前者不同。在制作此类模型时，除了要明确示意道路外，还要把道路的高差反映出来。

　　在制作此类道路时，可用0.3~0.5mm的PVC板或ABS板作为制作道路的基本材料。

　　具体制作方法是：首先按照图纸将道路形状描绘在制作板上，然后用剪刀或刻刀将道路准确地剪裁下来，并用酒精清除道路上的画痕。同时，用选定好的自喷漆进行喷色。喷色后即可进行粘贴。粘贴时可选用喷胶、三氯甲烷或502胶作为粘接剂。在具体操作时，应特别注意粘接面，胶液要涂抹均匀，粘贴时道路要平整，边缘无翘起现象。如果道路是拼接的，特别要注意接口处的粘接。粘接完毕后，还可根据模型的比例及制作的深度，考虑是否进行路牙的镶嵌等细部处理。

5.5 建筑模型绿化制作

建筑模型中的绿化可分为道路绿化和园林绿化两种。道路绿化，以街道树木为主，增设草坪和花坛为辅；园林绿化，以点线面为组合方式，配合草坪、花坛等。各种绿化的一般做法如下。

1．草坪

用来制作草坪的材料有绒纸、砂纸、表面有肌理的色纸和粉末等。其做法是按建筑模型图纸中草坪的形状和尺寸，用刀具裁割，再用双面胶粘贴到模型地盘上草坪的位置。

自制草坪的制作方法是：将精细的木粉末分成三堆，分别用颜料染成淡草绿、中草绿和墨绿，根据草坪颜色深浅所需，将三堆深浅不同的粉末进行不同量的均匀混合，就可以产生仿自然草坪的色彩效果。然后用乳胶涂在建筑模型上草坪的位置，将混合好的木粉末撒在上面。这样反复多次，草坪即可做成。以上木粉末也可直接采用草粉(图5.11)。

图5.11　采用木粉末自制草坪

2．树木

树木是绿化的一个重要组成部分。在我们生活的大自然中，树木的种类、形态、色彩丰富多样。制作建筑模型的树木，在造型上，来源于大自然中的树在表现上要高度概括。制作树木可根据树种的不同来分别选材。一般可用染好色的泡沫塑料、海绵或绢丝等塑造成所需的树木形状。

1) 用泡沫塑料制作树

制作树木用的泡沫塑料，一般分为两种：一种是常见的细孔泡沫塑料，也就是海绵。这种泡沫塑料密度较大，孔隙较小。此种材料制作树木局限性较大。另一种是大孔泡沫塑料，其密度较小，孔隙较大，它是制作树木的一种较好材料。这两种材料在制作树木的表现方法上有所不同。一般可分为抽象和具象两种表现方式。

树木的抽象表现方法是通过高度概括和比例尺的变化而形成的一种表现形式。在制作小比例尺的树木时，常把树木的形状概括为球状与锥状，从而区分阔叶与针叶的树种。在制作阔叶球状树时，常选用大孔泡沫塑料。大孔泡沫塑料孔隙大，蓬松感强，表现效果强于细孔泡沫塑料。在具体制作中，首先将泡沫塑料按其树冠的直径剪成若干个小方块，然后修其棱角。使其成为球状体，再通过着色就可以形成一棵棵树木。有时为了强调树的高度感，还可以在树球下加上树干。在制作针叶锥状树时，常选用细孔泡沫塑料。细孔泡沫塑料孔隙小，其质感接近于针叶树的感觉。另外，一般这种树木常与树球混用。因此，采用不同质感的材料，还可以丰富树木的层次感。在制作时，一般先把泡沫塑料进行着色处理，颜色要重于树球颜色，然后用剪刀剪成锥状体即可使用(图5.12)。

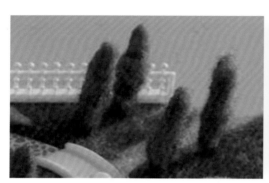 

图5.12　抽象树木模型

　　树木的具象表现方法是树木随着模型比例的变化和建筑主体深度的变化而变化的一种表现形式。在制作1:300以上大比例的模型树木时，不能以简单的球体或锥体来表现树木，而是应该随着比例尺以及模型深度的改变而改变。在制作具象的阔叶树时，一般要将树干、枝、叶等部分表现出来。制作方法是：将多股电线的外皮剥掉，将其裸铜线拧紧，并按照树木的高度截成若干节，再把上部枝杈部分劈开，树干就制成了，然后将所有的树干部分统一进行着色。树冠部分的制作，一般选用树粉或草粉，将事先做好的树干上部涂上饱满的胶液，再将涂有胶液的树干部分在粉末中搅拌，待涂有胶的部分粘满粉末后，将其放置于一旁干燥，待胶完全干燥后，可将上面沾有的粉末吹掉，并用剪子修整树形，整形后便完成了此种树木的制作。在制作针叶树木时，可选用毛线与铁丝作为基本材料。先将毛线剪成若干段，长度略大于树冠的直径。然后再用树根铁丝拧合在一起作为树干。在制作树冠部分时，可将预先剪好的毛线夹在中间继续拧合。当树冠部分达到高度要求时，用剪刀将铁丝剪断，然后再将缠在铁丝上的毛线撕开，用剪刀修成树形即成(图5.13)。

图5.13　利用电线、铁丝和泡沫制作的树木模型

2) 用干花制作树

在用具象的形式表现树木时，使用干花作为基本材料制作树木是一种非常简便且效果较佳的一种方法。在选用干花制作时，首先要根据建筑模型的风格、形式，选取一些干花作为基本材料。然后用细铁丝进行捆扎，捆扎时应特别注意树的造型，尤其是枝叶的疏密要适中。捆扎后，再进行修剪，如果树的色彩过于单调，可用白色喷漆喷色，喷色时应注意喷漆的距离，保持喷漆呈点状散落在树的枝叶上。这样处理能丰富树的色彩，视觉效果非常好。

3) 用ABS板制作概念树

利用ABS板或纸板制作树木是一种比较流行且较为抽象的表现方法。在制作时，首先选择好ABS板的色彩和厚度，最好选用带有肌理的ABS板，然后，按照尺度和形状进行剪裁，这种树一般是由两片ABS板进行十字插接组合而成。为了使树体大小基本一致，在形体确定后，可制作一个模板，进行批量制作，这样才能保证树木的形体和大小整齐划一。

3．花坛

花坛也是环境绿化中的组成部分。花坛虽然面积不大，但处理得当，则可以起到画龙点睛的作用。材料一般选用大孔泡沫塑料、海绵、木粉末和塑料屑等。

选用大孔泡沫塑料制作时，先将染好的泡沫塑料块撕碎，然后粘胶进行堆积，即可形成树池或花坛。在色彩表现时，由多种色彩无规律堆积而成，表现形式是自然退晕，即由黄逐渐变成绿，或由黄到红等逐渐过渡而形成的一种退晕表现方法。另外，在处理外边界线时，要自然地处理成参差不齐的感觉，效果才会自然、别致。

选用草粉制作时，先将花坛底部用白乳液或胶水涂抹，然后撒上草粉，用手轻轻按压，将多余部分处理掉，这样便完成了花坛的制作。选用色彩时，应以绿色为主，加少量的红黄粉末，从而使色彩感觉上更贴近实际效果(图5.14)。

图5.14 利用草粉制作的花坛模型

5.6   建筑模型灯光制作

　　大型建筑或大规模组群建筑的展示模型采用高科技光电配置，通过光影变幻，达到静态美与动态美相结合。不同风格的路灯、彩灯，泛光照明交相辉映、光彩夺目(图5.15)。

图5.15　利用二极管制作的模型灯光效果

　　建筑内可配不同亮度或不同颜色的灯光，建筑不同功能分区通过灯光的区分使人一目了然。建筑楼体分层亮灯，使建筑增添了不少艺术的色彩，更加真实。环境灯光可在绿色丛中、花池中埋置高亮度彩色地灯。庭院灯采用造型美观高亮度的观赏灯，考虑观赏性，比例可以适当放大。路灯选择主干次道或主要景观道路两侧设置亮的路灯(图5.16)。

图5.16　利用低压灯泡和二极管制作的模型灯光效果

模型灯光按用途不同可分别采用发光二极管、发光线、发光片以及微型低压灯泡。发光二极管寿命长、亮度高、色彩鲜艳，可使用红、黄、兰、绿、白、紫等各色高亮度发光管作为重点建筑、小区的标志灯光，使观者易于区分。使用时采用变压器降压整流驱动、功耗极低。发光线除了具有发光二极管寿命长、亮度高的优点以外，还可弯曲、长短任意，在大比例模型沙盘上作为公路线、铁路线及区域划分线具有很好的效果。发光片具有功耗低、寿命长、无发热的特点，是典型的冷光源。适合在模型沙盘上体现区域等平面发光效果。微型低压灯泡体积小、亮度高，可作为部分建筑的内部照明或小比例模型的道路灯光等，具有很好的效果，使用时采用变压器降压驱动。

灯光控制由遥控装置控制系统控制。将控制系统装置放在底盘内，遥控器上的每个遥控键控制特定的灯光分区。

5.7 建筑模型其他配景制作

1．车辆

车辆是建筑模型环境中不可缺少的点缀物。车辆在整个建筑模型中有两种表示功能。其一是示意性功能，即在停车处摆放若干车辆，则可明确此处是停车场；其二是表示比例关系，人们往往通过此类参照物来了解建筑的体量和周边关系。另外，在主干道及建筑物周围摆放车辆，可以增强其环境效果。但车辆色彩的选择及摆放的位置、数量一定要合理，否则将适得其反。

目前，制作车辆的方法及材料有很多种。制作车辆的材料有橡胶块、泡沫塑料、有机玻璃和其他塑料。工业化车辆模型的制作是按照车辆缩小后的三视尺寸进行处理，再根据需要喷成所需的颜色。首先，可以将所需制作的车辆按其比例和车型各制作出一个标准样品；然后，用硅胶或铅将样品翻制出模具；最后，用石膏或石蜡进行大批量灌制，待灌制脱模后统一喷漆即可使用。

手工制作车辆，首先是材料的选择。如果制作小比例车辆，可用彩色橡皮，按其形状直接进行切割。如果制作大比例车辆，最好选用有机玻璃板，具体制作时，先要将车体按其体面进行概括，可以将其概括为车身、车棚两大部分。车辆在微缩后，车身基本是长方形，车棚则是梯形，然后根据制作的比例用有机玻璃板或ABS板按其形状加工成条状，并用三氯甲烷将车的两大部分进行粘接，按车身的宽度用锯条切开并用锉刀修整棱角，最后喷漆即成。若模型制作仿真程度要求较高时，可以在此基础上进行精加工或直接采用成品车辆(图5.17)。

图5.17　利用彩色橡皮制作的模型车辆

2．建筑小品

建筑小品包括建筑雕塑、喷泉、假山等。这类配景物在整体建筑模型中所占的比例不大，就其效果而言，往往可以起到丰富、活跃、点缀环境的作用。在制作建筑小品

时，一定要合理地选用材料，恰当地运用表现形式，准确地掌握制作深度，才能处理好建筑小品的制作，达到预期的配景效果。建筑小品是对一个区域重要景区内特色景点的缩写，在材质选用上，尽可能选用真实材质。各种建筑小品也是模型中需要着重刻画的部分，一些分散在各景区内的门头、立柱、休闲长廊、花架(图5.18)、小桥、小水岸码头、踏步、广场的花坛等，从造型、色彩、材质上都需要

图5.18 利用木杆、细铁丝和树粉制作的花廊模型

进行着重的表现，为总体规划效果起到烘托的作用，特别是对于景观比较集中的区域特别要注重这些小品与绿化环境的融合。制作小品的材料可用橡皮、黏土、石膏等可塑性强、容易加工雕刻的材料。也可用有机玻璃、ABS、PVC塑料、泡沫塑料片制作遮阳雨篷、公园体育设施、座椅等其他公共设施。另外，可寻找旧玩具、小饰品等可利用的材料进行拼接，还可利用废煤渣、小鹅卵石、小贝壳做成假山、石碑等景观。

3．公共设施

此类配景物一般包括路灯(区别于灯光)、道路标牌、道路围栏、遮阳雨篷、座椅、建筑物标志等。公共设施模型制作可选用的材料很多，如金属丝、有机玻璃、ABS板、泡沫塑料、吹塑板、金银锡箔纸等。在制作时，根据比例进行仿真制作，或直接订购一些成品部件。

无论采取哪种方法表现模型的配景内容，形态都要简单明了，在比例大小处理上要适度，下面以路灯和围栏为例介绍其制作手法。

道路两旁的路灯可用细钢丝、铜丝或大头针制作，制作时，将大头针的头用钳子折弯，最好采用衬衫包装上带圆头珠的大头针。采用细钢丝、铜丝、人造项链珠及各种不同的小饰品，通过不同的组合方式可制作出各种形式的路灯。

制作围栏时可以用金属线材通过焊接来制作围栏。其制作方法是，先选取比例合适的细铁丝或漆包线等金属线材，然后将线材拉直，并用细砂纸将外层的氧化物或绝缘漆打磨掉，按其尺寸将线材分成若干段，待下料完毕后便可进行锡焊。焊接完毕，用洗洁剂清洗围栏上的焊锡膏，再用砂纸或整形锉修理各焊点，最后进行喷漆上色(图5.19)。

图5.19　利用细铁丝和细木杆制作的围栏模型

本 章 小 结

　　建筑模型的环境制作，要正确处理各环境要素与主体建筑之间的主次关系。环境要素中的山体地形、河流水系、道路交通、绿化景观之间的关系要相互搭配，表现自然合理，色彩关系处理协调，形状比例真实，大小形态合理，空间布置疏密有序。环境制作材料要根据实际情况合理选取，既可以用一些具体的高档材料，各种比例的仿真成品模型，如树、人、车、亭榭等，也可以用一些抽象、价廉的模型塑造手法，如小石子、鸡蛋壳、细铁丝等。

思 考 题

　　1．思考并尝试如何利用建筑废弃材料制作环境，如利用木芯板制作底盘、利用石膏粉制作地形、利用电线制作景观树等。

　　2．尝试使用不同方法制作各种景观树模型，如抽象、具象、乔木、灌木等。

第6章 建筑模型范例

本章提要

  详细介绍几组模型的制作过程，如广州塔模型、户型模型、单体别墅模型、武汉光谷广场模型、主题公园模型、摄影工作室模型、家具模型等。

一个精美的建筑模型，是通过完善的设计和细致的制作来完成及表现的，模型凸显设计、制作完善理念。在模型制作过程中，根据各种设计要求，以手工为主，制作过一些建筑模型，在此简要介绍其制作方法，部分作品仅以图片展示。

6.1 广州塔地标建筑模型制作

广州塔位于广州市中心，城市新中轴线与珠江景观轴交汇处，与海心沙岛和广州市21世纪CBD区珠江新城隔江相望，是中国第一高塔，世界第四高塔，它在鳞次栉比的中国超高建筑中独占魁首，其塔体高约450m，天线桅杆高150m，是广州新的制高点(图6.1)。

图6.1 广州塔

1. 搜集资料

搜集广州塔相关资料，确定模型比例，勾画设计草图(图6.2)。

2. 依据设计需要完成材料的初步切割和打磨

本次模型制作主要原材料为PVC板(1cm厚度)、泡沫板、ABS小条等，布景材料以发泡板做模型地板(图6.3)，拟用石膏完成地形、水系的布景。在广州塔模型制作中，简化为圆形PVC构造主体，辅以ABS小条进行缠绕搭接，完成外形表现。制作难度在于圆形的切割，在此，采用雕刻机设计切割技术，保证切割的精准，同时提高制作效率(图6.4)。

图6.2 广州塔模型草图设计

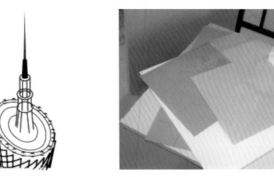

图6.3 广州塔模型制作基本材料

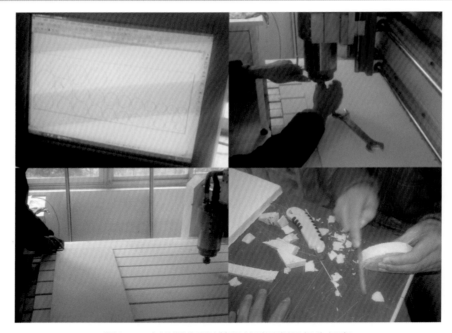

图6.4　广州塔模型计算机辅助下料及初步打磨

3．塔体主体的拼接

当材料准备完毕进行初步打磨后，开始塔体的拼接。广州塔由于其特殊的构造，在此采用上下两端先固定，再进行ABS小条的搭接的制作方法。该方法实施中，要注意计算ABS小条的根数和上下两圆周长的关系，做到ABS条间距相等，塔体整体美观、牢固。在塔顶的处理上，采用PVC手工雕刻出塔尖，特别注意广州塔顶是一个斜面(图6.5)。

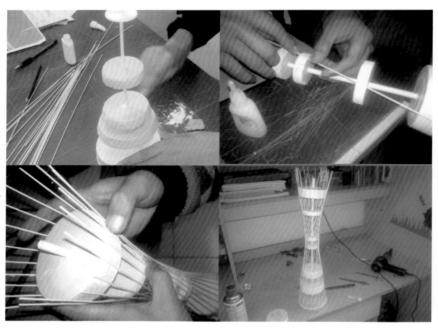

图6.5　广州塔模型塔体主体拼接

4. 塔体上色和布景

在本案例中，广州塔为主体地标性建筑，但还需辅以简单的环境制作，其中环境制作采取表现模型常用的象征手法进行表现，环境制作精度不高。在水系制作中，取消惯用的水纹纸，而采用石膏打底，丙烯涂色的方法，使之能够保存较长时间(图6.6)。

图6.6　广州塔模型塔体上色和布景

5. 模型成品拍摄(图6.7和图6.8)

图6.7　广州塔模型塔体局部

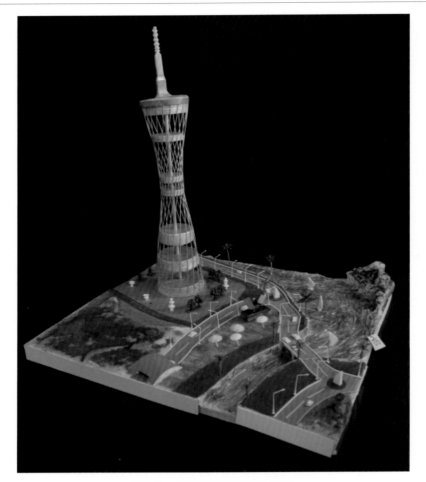

图6.8　广州塔模型的整体效果

6.2　户型模型制作

户型模型在现代房地产销售中起到至关重要的作用，是一种房屋功能布置和室内装饰的直接展示。

1. 模型制作准备阶段

制作户型模型首先需要确定户型模型的图纸，确定模型比例，此模型的比例为1∶20。其次确定户型模型的风格，此模型以暖色调为主，简约、大方。

接着是制作材料和工具。此模型制作主要原材料为PVC板(厚度2～10mm)、有机玻璃板(厚度为1～5mm)、ABS材质家具模型、泡沫板、ABS小条等，以发泡板做模型底盘，利用有机玻璃板制作模型的外墙骨架，将阳台粘接到外墙，再将切割好的PVC内墙贴上墙纸和墙饰后与外墙进行拼接。然后对准备好的家具模型用喷漆进行上色放置到户型模型中，最后用ABS小条对墙面边缘进行粘贴使模型更加精致。此模型需要用到的工具有：钩刀、丁字尺、切割机、锉刀、裁纸刀等(图6.9)。

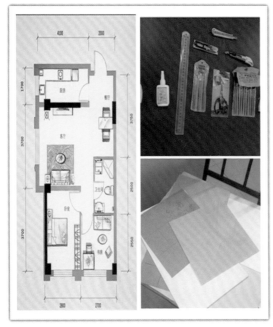

图6.9　户型模型制作准备

　　在制作过程中首先需画好每面墙的平面图，根据墙面的拼接方式将墙宽适当放大或缩小(图6.10)。窗台的尺寸为：窗台高4.5cm，宽度5cm。门的尺寸为：高10.5cm，宽5cm。由于门窗种类较多，若有特殊要求，可按照实际大小按1:20的比例缩小到户型模型中。

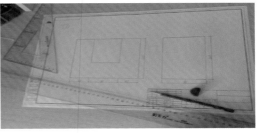

图6.10　户型模型墙体平面图

　　有机玻璃板的一面为塑料薄膜，另一面为牛皮纸。牛皮纸上通常做一些标记便于切割，此次将外墙的平面图转移到牛皮纸上，塑料薄膜在模型的最后阶段揭下，以保持模型的整洁度。

　　2．底盘的制作

　　利用发泡板打底，覆盖2mm厚度的PVC板，再将彩色卡纸铺在上面，根据实际情况也可将卡纸换成其他材料，如草坪纸(注：发泡板与PVC薄板以及PVC薄板与卡纸之间粘接选用乳胶为宜。另外，各个角落一定要充分粘接结合，否则，后期可能会因为天气原因向上凸起，影响美观)。底盘制作好之后放在一边。外墙和内墙的拼接不在底盘上进行，可利用卡纸代替。防止拼接时粘接剂下流污染底盘，影响美观。

3．切割

手工切割需要精细，如利用雕刻机进行墙体切割可以保证切割的准确性(图6.11)，若技术允许，最好采用斜45°的方式切割(若采用此种方式切割，再画每面墙的平面图时无需将墙宽缩小或放大)。

图6.11　户型模型墙体切割

4．拼接

拼接时，以氯仿为粘接剂，利用直角夹进行以保证墙角的角度为90°。外墙骨架拼接完成后，把外墙轮廓描在底盘上，后贴上地板纸。再将外墙骨架粘接到底盘上，然后对内墙进行装饰，贴上准备好的墙纸和墙饰(注：外墙为透明的有机玻璃板不做任何装饰)。再将内墙粘接到外墙骨架之中(图6.12和图6.13)。

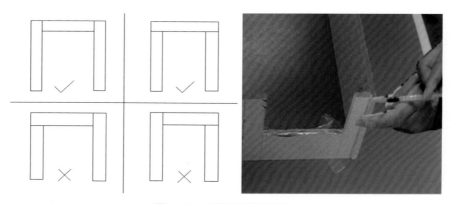

图6.12　户型模型外墙粘接

图6.13　户型模型地面板粘接

5．模型家具的上色

将上完色的家具安置到户型模型中。最后在墙的顶端贴上ABS小条完成模型(图6.14)。

a.上色前　　　　　　　　b.上色后　　　　　　　　c.效果图

图6.14　模型家具上色处理

6．模型成品拍摄(图6.15和图6.16)

图6.15　户型模型成品效果

图6.16　户型模型局部效果

6.3　单体别墅制作

　　1．设计或搜索建筑模型图纸(平面图、立面图)

　　图纸用来确定制作方向，可以起到重要作用。地标模型图纸可上网搜索，别墅、园林以及其他模型图纸可自己设计。在设计好图纸之后，将每面墙的平面图画在图纸上。然后需输入雕刻机，准备切割。采用雕刻机设计切割技术，可以保证切割的精准，同时提高制作效率(图6.17)。

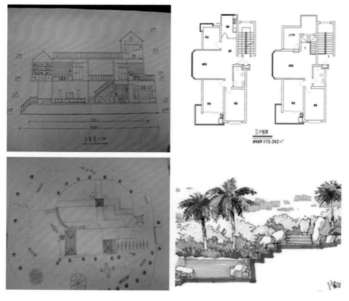

图6.17　别墅模型设计准备

2．确立比例和尺寸

整个别墅模型，无论是建筑部分还是车模、人模，还是路灯模型，比例一定要做到一致。初学者容易弄错比例，导致模型各部分比例大不相同，使模型看上去十分不协调，这样的模型是失败的。这是初学者应该注意的一点。

3．材料和工具准备(图6.18)

纸类：卡纸、厚纸板、瓦楞纸、模型板、模型纸。

塑类：ABS塑料、有机玻璃(压克力板)、各种泡沫塑料板、发泡板。

金属：铝板、金属薄板、金属网格板、铁丝。

木材：实木、木工板、贴面板、木纤维纸板、薄木片板。

其他材料：塑料棒、透明胶片、磨砂胶片、人模、草屑、色纸、树、黏土、丙烯颜料等。

测绘工具：三棱尺(比例尺)直尺、三角板、丁字尺、卷尺、游标卡尺、分规模板画线工具。

切割工具：钩刀、剪刀、钢锯、电动曲线锯、电热切割器、台式电锯、电脑雕刻机切割垫、钻孔工具。

打磨修整工具：砂纸、砂纸机、砂纸板、锉刀、木工刨、砂轮机。

图6.18　别墅模型材料和工具准备

4．底板制作

底板采用结实且耐久的木质材料。底板上要先刻下建筑的底层平面，底板在开工之前当规划好每一部分、每一个角落应该做什么，而不是当模型进行到一半的时候，"天马行空"地随意添加或删减。

5．墙面板切割

将之前画好的墙面平面图数据输入雕刻机中。台面准备完成后，再进行雕刻切割。墙面采用PVC材质(图6.19)。

6．墙面板打磨装饰

切割完成后，按照需要对墙面进行加工打磨。材料的打磨是重要的环节，也是容易出现问题的环节。初学者打磨出来的材料在粘接过程中经常出现对边不齐、缝角不平、弧形不流畅等问题，这样制作出来的模型不是精确度不够，就是表面粗糙，影响整体模型效果。不能精确地把握模型各体面的尺度、控制好打磨的限度，会使打磨出的模型材料缺少精度。另外，打磨时用力不均匀，打磨角度把握失控也是出现这种问题的重要原因。端正工作态度，从整体把握模型的尺度、精度，做到心中有数，打磨时用力一定要均匀、频率要高、要细致。宁可打磨不够，也不能打磨过度。需要角度的，尽量把握好角度要求(图6.20)。

图6.19　别墅模型墙面板切割　　　　图6.20　别墅模型墙面板打磨

打磨完成后，按照设计要求对墙面进行装饰。如石材墙面制作时，根据尺寸要求，用钩刀和铁尺在材料上画出石材地砖缝纹。注意用力均匀，深度控制在板厚的1/4左右，如果勾画深度不到位，可进行调整，直至达到应有效果。

7．模型主体拼装

按照由下而上的顺序，一层一层地拼接墙面。最后，对主体进行修饰，像阳台部分就可以适当地添加或删减景观(图6.21~图6.24)。

图6.21　别墅模型主体拼接

图6.22 别墅模型屋顶粘接

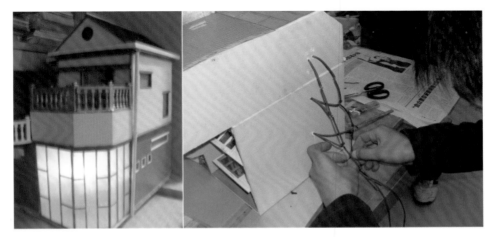

图6.23 别墅模型灯光制作

图6.24 别墅模型主体与底板拼接

8．其他布景的制作

在主体完成后，进行其他布景的制作。先后顺序为：布置路网，制作流水，布置人行景观及建筑小品，布置草坪，整体修改完善。

水池水面的做法：如果水面不大，则可用简单着色法处理。若面积较大，则多用玻璃板或丙烯之类的透明板，在其下面可贴色纸，也可直接着色，表示出水面的感觉。若希望水面有动感，则可利用一些反光纹材料做表面，下面同样着色，这样看起来给人一种水流动的感觉。

(1) 假山的制作：寻找形态适合的石头即可。

(2) 道路制作：可用接近道路颜色的即时贴直接实现(图6.25)。

图6.25 别墅模型道路假山制作

(3) 草坪制作： 如果面积不大，可以选用色纸或绿绒纸，面积稍大可以选用草皮或草屑。如果用草皮，直接沾在基地表面即可；如果用草屑，就要首先在基地表面涂一层白乳胶，然后再把草屑均匀撒在有草的地方，等乳胶干即可。如果是表现整个大规模区域的较大型模型，则需要根据地形切割一块表现大片植被的材料，然后着色，等干后涂一层薄薄的粘接剂，在撒上形成地面的材料和彩色粉末，接着再栽上一些用灌木丛做的小树堆，最后，可利用细锯末创造出一种像草丛的肌理(图6.26)。

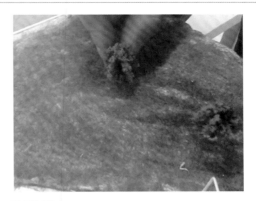

图6.26　别墅模型水体、草坪制作

（4）模型树的制作：可以用很细的铜丝拧成树干，在上面撒上染色的细木屑即可（图6.27）。

图6.27　别墅模型树的制作

（5）小车模型的制作：可以买，也可用泡沫乙烯切削成汽车。

（6）小人模型的制作：人按照比例缩小后，形态、动作，要保持生动形象，不依靠专业技术模具难以手动做出。推荐购买(图6.28)。

图6.28　别墅模型小人、小车的选用

9. 细部修改

对细部进行打磨。最主要的是清洁部分，清洁包括胶丝和灰尘。用吹风机、刷子，缓慢地清洁灰尘，以免损坏模型。胶丝可用手直接去除(图6.29)。

图6.29 别墅模型成品展示

6.4 武汉光谷广场模型制作

光谷广场位于武汉市鲁巷，倚立"中国·光谷"入口处，位置得天独厚。整个光谷广场采用弧形的时尚建筑理念，主题结构新颖，设计巧夺天工。远远望去，广场的支撑圆柱稳若泰山，在它的两侧，建筑幕墙逐渐伸展，似一只大鸟正张开两翼、振翅欲翔(图6.30)。

此例模型主要由建筑主体与景观构成，主体用2片亚克力弯曲成弧形，互相包裹并用UHU胶固定形状。外部做喷漆处理后以氯仿做粘接剂贴上ABS小条装饰。建筑主体第二部分通过图解较容易看懂，此处不做解释。景观场景的制作首先铺设路网，后采用石膏对地形进行设计。草地等景观可参考上一节景观制作。

制作方法如下：

图6.30　武汉光谷广场

(1) 搜集光谷广场相关资料，确定制作比例(图6.30和图6.31)。

图6.31　武汉光谷广场三维电子模型和空间影像图

111

(2) 根据设计需要，准备制作材料(图6.32)。

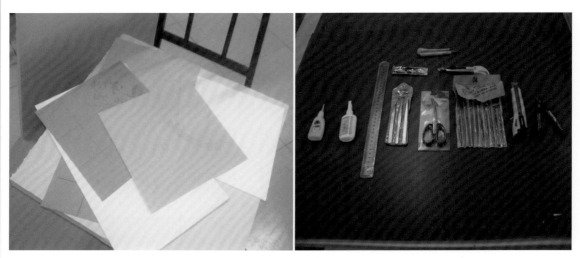

图6.32　武汉光谷广场模型主要材料和制作工具

(3) 建筑主体的制作(图6.33~图6.35)。

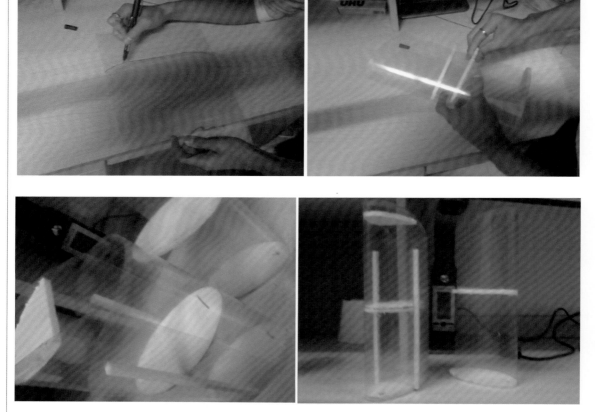

图6.33　武汉光谷广场模型墙面板弯曲

图6.34 武汉光谷广场模型墙面板喷漆后效果

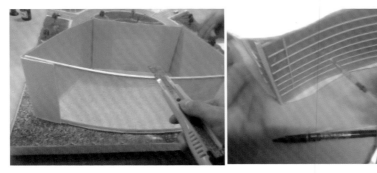

图6.35 武汉光谷广场模型裙房装饰

(4) 场景的制作(图6.36~图6.40)。

图6.36 武汉光谷广场模型道路制作

图6.37 武汉光谷广场模型景观制作

图6.38 武汉光谷广场模型中心展示

图6.39 武汉光谷广场模型主体建筑展示

图6.40 武汉光谷广场模型效果

6.5　园林模型制作

园林模型与地标模型、别墅模型一样，具有地形与园林景观。但地标模型、别墅模型中的园林景观是用来衬托主体建筑的，只是陪衬，本身不是重点，而园林模型中没有主体建筑这一概念，其重点在于景观的细节。模型中的建筑小品与园林景观互相映衬，体现出自然景观的和谐之美。在制作园林模型时，细心、谨慎显得尤为重要。下面为大家展示一例园林模型——"主题公园"的制作方法。

(1) 模型图纸设计(图6.41)。

(2) 将设计图纸放大，覆盖发泡板，将水面地域按照设计图纸挖空，并用石膏打底，如图6.42所示。

图6.41　主体公园模型平面图纸设计　　　　图6.42　根据平面设计将水体部分挖空

(3) 在石膏给打底的同时，根据图纸制作出地形(图6.43)。

(4) 待石膏干燥后，在地形上涂抹上白乳胶，撒上草粉，草地就算制作完成，如图6.44所示。

图6.43　根据平面设计采用石膏打底、设计地形　　　图6.44　主体公园模型草体制作

(5) 草地制作完成后，在之前挖空的区域倒入适量仿真水。待干燥后，进行建筑小品的制作(图6.45)。

图6.45 主体公园模型水体制作

(6) 建筑小品的制作(图6.46)。

图6.46 主体公园模型建筑小品的制作

(7) 完善模型，将建筑小品布置到模型上栽种模型树(图6.47~图6.49)。

图6.47 主体公园模型中树的布置　　　　图6.48 主体公园模型的整体效果

图6.49　主体公园模型局部效果

6.6　雪地摄影工作室模型制作

（1）绘图：先需要将每面墙分解，按照1:1的比例画出平面图，将门窗尺寸具体标注清楚(图6.50)。

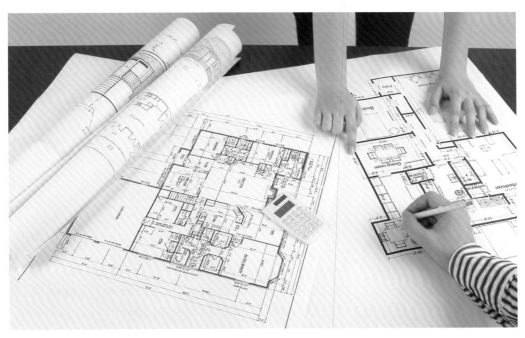

图6.50　雪地摄影工作室模型图纸设计

(2)切割：绘图之后输入雕刻机切割，保证切割的准确性，挖空成门窗的形状(图6.51)。

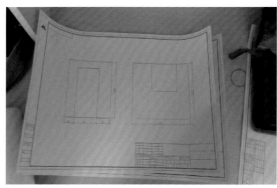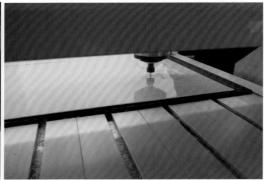

图6.51　雪地摄影工作室模型墙面图纸、雕刻机切割

(3)打磨：板材切割完后边缘毛糙，需用砂纸打磨平滑(图6.52)。

图6.52　雪地摄影工作室模型墙面板材打磨

(4)拼装：按照设计图纸拼接墙面和屋顶(图6.53~图6.55)。

图6.53　雪地摄影工作室模型墙面拼接

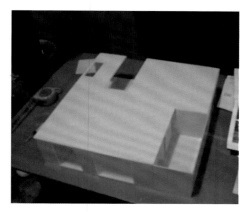

图6.54 雪地摄影工作室模型屋顶拼接

图6.55 雪地摄影工作室模型墙面装饰

(5) 环境制作：整体部分完成后，为达到效果，外部墙面贴上瓦楞纸做装饰，再辅以简单的环境做陪衬，撒上雪花，完成模型(图6.56~图6.59)。

图6.56 雪地摄影工作室模型环境装饰

图6.57　雪地摄影工作室模型整体效果

图6.58　雪地摄影工作室模型局部效果(一)

图6.59 雪地摄影工作室模型局部效果(二)

6.7 室内家具模型制作

家具模型的制作在室内模型制作中比较重要，首先介绍ABS板弯曲的通用技巧(图6.60)。

(a)切割好需要加工的ABS板　　　　　　　(b)在需要弯曲的地方画线

(c)火钳夹住金属棒，打火机来回加热　　　(d)待热度达到要求，将金属棒沿画好的线烙印

图6.60 ABS板弯曲技巧

(e)将ABS板贴金属棒弯曲　　　　　　　　　(f)冷却定性

图6.60　ABS板弯曲技巧(续)

1．柜子的制作

通过柜子的制作可以举一反三，掌握家具模型的制作方法。

材料：ABS板、透明有机板、手喷漆、即时贴、502胶水。

工具：钩刀、尺子、铅笔、锉刀、砂纸、镊子。

(1) 绘图：根据所设计的柜子形状，按比例绘制平面图和立面图，注意比例、尺寸要准确。绘制完毕的图纸把图纸复制到ABS板上，尽量避免出现误差(图6.61)。

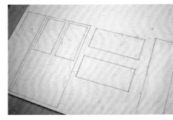

图6.61　柜子模型绘图

(2) 切割：根据拷贝的图形用钩刀进行板材切割，切割时尽量把握好用刀的力度，镂空切割时要先切割至板材厚度的1/3处，然后从背面用手指顶压，出现白色线痕，再用钩刀从背面沿白痕线切割，这样容易切割整齐(图6.62)。

图6.62　柜子模型板材切割

(3) 打磨：切割完毕，用锉刀初步打磨，要把握好锉刀的方向和力度，不能打磨过头，再用细砂纸精细地打磨修整，直至平整。根据柜门洞口尺寸切割透明有机板，制作柜门玻璃。用细砂纸打磨柜门玻璃，要保证其边缘整齐(图6.63)。

图6.63 柜子模型板材打磨

(4) 装饰：切割、打磨好的柜子主体构件。用钩刀刻画柜门装饰线，用刀不要太深，注意线条的均匀、流畅(图6.64)。用即时贴粘贴柜门玻璃，要保证其平整，避免出现气泡。在即时贴上刻画所需图案形状，用刀不要过深，以刻透即时贴为宜(图6.65)。刻画完毕，揭取不需要的即时贴，以便喷涂颜色。喷涂颜色前仔细检查，若边缘有裸露板材，可用纸胶带粘贴覆盖。

图6.64 用钩刀刻画装饰线

图6.65 在即时贴上画图案

(5) 喷色：根据所需喷漆颜色，注意颜色不能喷涂过厚。待喷漆完全干透后仔细揭取即时贴，可用镊子辅助揭取。细微处揭取应更加仔细，以防出现毛边(图6.66)。

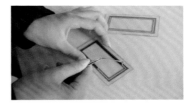

图6.66 柜子模型柜门喷色

(6) 柜门粘接：即时贴揭取完毕后，把玻璃从背面粘接到柜门上，注意位置的把握(图6.67)。

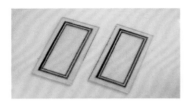

图6.67　柜子模型柜门粘接

(7) 主体构件粘接：用502胶水(或氯仿)粘接柜子主体构件，接缝要严密、牢固，把握好角度。如有缝隙，用原子灰填补打磨。用纸胶带粘盖柜门玻璃(以便喷涂颜色)，并粘接柜身与柜顶(图6.68)。

图6.68　柜子模型柜身主体粘接

(8) 打磨装饰：主体构件粘接完毕，用砂纸打磨柜体。对于转角处打磨时应更加细致，有利于模型边线挺直。全部打磨修整完毕，根据要求喷涂颜色，注意分多次喷涂，这样喷涂效果更好。喷漆干透后揭取柜门玻璃上的纸胶带。揭取边缘纸胶带时要轻、稳，以防把漆带掉(图6.69)。装饰后再制作柜腿、拉手等(图6.70和图6.71)。

图6.69　柜子模型打磨喷漆

图6.70　制作柜子模型柜脚

图6.71　粘贴柜子模型柜脚、拉手

2．椅子的制作

各种座椅的模型制作经常运用于家居模型。需用材料有ABS板、粗铁丝和手喷漆。主要工具为铅笔、复写纸、美工钩刀、尺子、锉刀、砂纸、热风机、手虎钳等。

（1）绘图：根据设计画出椅子的平、立面图纸，注意把握比例关系。把画好的椅子图纸复制到ABS板上(图6.72)。

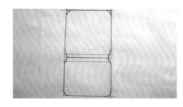

图6.72　绘制椅子图纸并拷贝至ABS板上

（2）切割打磨：用钩刀根据图形进行切割，要把握细微结构的变化，局部可以用剪刀切割。切割完毕后进行打磨修整。弧形结构可用扁圆形锉刀打磨(图6.73)。

图6.73　对椅身板材切割打磨

（3）加热弯曲：用热风机加热弯曲，注意温度的控制和弯曲弧度的把握，座椅边缘弧度的弯曲加工更要细致，要反复调整弧度(图6.74)。

图6.74　对椅身板材加热弯曲

(4) 喷色：根据所需颜色用手喷漆上色(图6.75)。

(5) 椅腿制作：准备相应粗细的铁丝做椅腿。先把铁丝加工直挺，用手虎钳把铁丝弯曲成所需形状。用锉刀把铁丝断面打磨平整，再用砂纸打磨铁丝表面，便于喷色(图6.76~图6.80)。

图6.75　对椅身喷色　　　　　　　　　　图6.76　准备椅腿铁丝

图6.77　弯曲椅腿铁丝　　　　　　　　　图6.78　对椅腿铁丝打磨喷漆

(6) 粘接椅面椅腿：用502胶水粘接椅腿和椅面，粘接时要注意结构位置的准确。

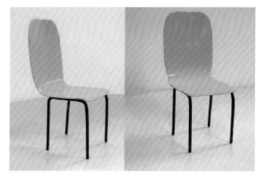

图6.79　粘接椅面椅腿　　　　　　　　　图6.80　椅子模型完成后的效果

6.8 其他模型作品展示

1. 武汉理工大学华夏学院沙盘(图6.81~图6.84)

图6.81 武汉理工大学华夏学院沙盘鸟瞰

图6.82 武汉理工大学华夏学院沙盘教学楼鸟瞰

图6.83 武汉理工大学华夏学院沙盘道路围墙

图6.84 武汉理工大学华夏学院沙盘校门

2．中国联通某营业厅模型(图6.85~图6.87)

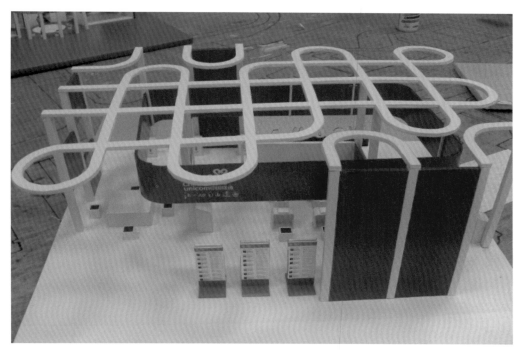

图6.85　中国联通某营业厅模型正面鸟瞰

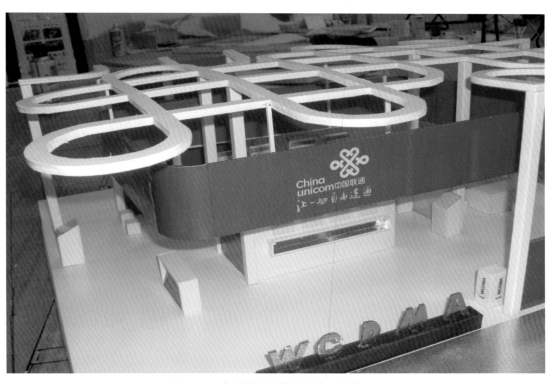

图6.86　中国联通某营业厅模型局部(一)

图6.87　中国联通某营业厅模型局部(二)

3．黄鹤楼模型(图6.88)

图6.88　黄鹤楼模型

4.上海世博会中国馆模型(图6.89和图6.90)

图6.89 上海世博会中国馆模型

图6.90 上海世博会中国馆模型铺地

5. 下承式拱桥模型(图6.91和图6.92)

图6.91　下承式拱桥模型

图6.92　下承式拱桥模型局部

6．户型模型(图6.93和图6.94)

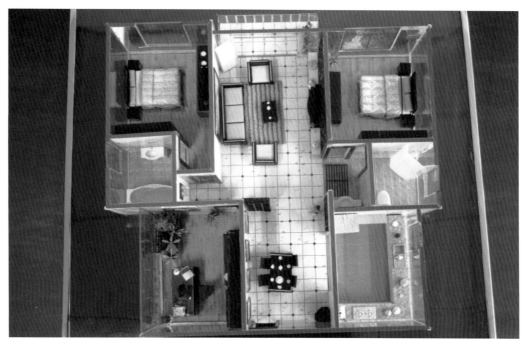

图6.93　户型模型

图6.94　户型模型厨房和书房

7．福建土楼模型(图6.95和图6.96)

图6.95　福建土楼模型

图6.96　福建土楼模型鸟瞰

8．冷、热饮店模型(图6.97和图6.98)

图6.97　冷、热饮店模型

图6.98　冷、热饮店模型室外景观

9. 别墅模型 (图6.99)

图6.99　别墅模型

10. 徽派别墅模型 (图6.100和图6.101)

图6.100　徽派别墅模型

图6.101 徽派别墅庭院

11．城市公园景观模型(图6.102~图6.105)

图6.102 城市公园景观模型

图6.103　城市公园景观模型局部(一)

图6.104　城市公园景观模型局部(二)

图6.105　城市公园景观模型局部(三)

12．主题公园景观模型(图6.106和图6.107)

图6.106　主题公园景观模型

图6.107　主题公园景观模型硬质铺地

13．楼盘展示中心模型(图6.108和图6.109)

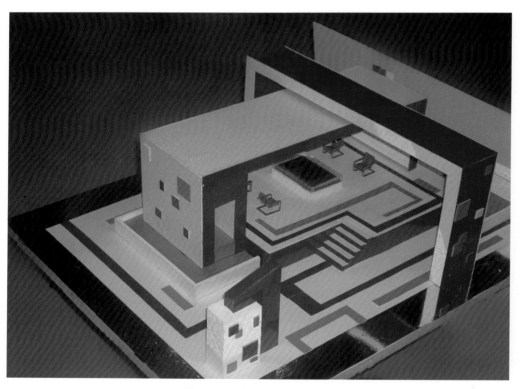

图6.108　楼盘展示中心模型

图6.109　楼盘展示中心模型局部

14. 优派产品展示中心模型(图6.110和图6.111)

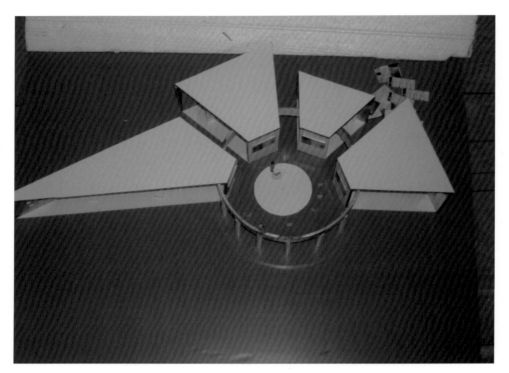

图6.110 优派产品展示中心模型

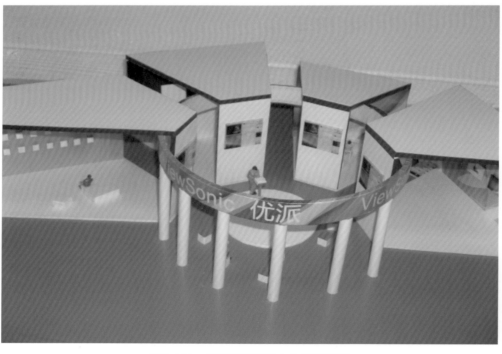

图6.111 优派产品展示中心模型局部

15．LOFT办公区间模型(图6.112~图6.114)

图6.112　LOFT办公区间模型

图6.113　LOFT办公区间模型局部(一)

图6.114 LOFT办公区间模型局部(二)

16. 科技会展中心建筑设计模型(图6.115～图6.117)

图6.115 科技会展中心建筑设计模型

图6.116 科技会展中心建筑设计模型局部(一)

图6.117 科技会展中心建筑设计模型局部(二)

17．创意建筑设计模型(图6.118~图6.120)

图6.118　创意建筑设计模型(一)

图6.119　创意建筑设计模型(二)

图6.120　创意建筑设计模型局部

本 章 小 结

本章介绍了几个建筑模型制作的实例：广州塔模型、户型模型、单体别墅模型、武汉光谷广场模型、园林模型、摄影工作室模型、家具模型等，各个模型的制作，无论是从模型类别还是从材料、工艺以及后期拍摄方面，都有一定的代表性，可以为其他模型提供参考。

思 考 题

1．结合所学知识，制作某一个单体建筑模型。
2．根据实际情况，设计并制作某一城市公园模型。

参考文献

[1] [英] 尼克·邓恩．建筑模型制作[M]．北京：中国建筑工业出版社，2011．

[2] [德] 亚历山大·谢林．建筑模型[M]．北京：中国建筑工业出版社，2010．

[3] [美] 克里斯·B．米尔斯．设计结合模型:制作与使用建筑模型指导[M]．2版．天津：天津大学出版社，2007．

[4] 刘存发．建筑设计模型[M]．天津：天津大学出版社，2012．

[5] 马路，马骄．环艺模型设计与制作[M]．南京：南京师范大学出版社，2011．

[6] 李映彤，汤留泉．建筑模型设计与制作[M]．北京：中国轻工业出版社，2010．

[7] 梅映雪．建筑模型制作[M]．长沙：湖南人民出版社，2009．

[8] 郭红蕾．建筑模型制作:建筑·园林·展示模型制作实例[M]．北京：中国建筑工业出版社，2007．

[9] 郁有西．建筑模型设计[M]．北京：中国轻工业出版社，2007．

[10] 郎世奇．建筑模型设计与制作[M]．2版．北京：中国建筑工业出版社，2006．